HOTEL
旅館籌備與規劃
Hotel Preparation and Planning
魏志屏 / 著

序

旅館業是存在很久的一個行業，古代的客棧僅是提供來往客人的住宿，近代由於科技的發達，旅館更是與時俱進，不但提供住宿，也供應餐飲、開會、婚宴或休閒度假的多樣化服務，更發展成國際化，甚至朝無人化發展。

旅館不但要有好的軟體服務，硬體的配合更是重要，當然硬體設備的維護保養不但是服務的保證，也是賺錢的必要條件。

旅館所有的員工必須瞭解工程部門的功能，旅館業工程部門的管理必須要科學化，建立一套標準SOP以及設備操作說明的葵花寶典，可以存放在平板電腦或智慧手機中，讓員工隨時查詢或自我學習，很快地就可以上手。雖然員工的流動是不能避免的，但這個SOP可以一直流傳下去，甚至遇有設備更新時也可以馬上更新，這個寶典也是讓各部門主管甚至總經理或是業主用來練功的秘笈。

本書分硬體（建築與設備）與軟體（管理與服務），從旅館建築、旅館設備、客房設計、餐飲設計、洗衣房、健身房、設備維護與管理、節約能源與危機處理、星級旅館評鑑等，到電腦化管理、手機智能化管理、AI自動化以及智能服務機器人。客房門鎖由機械鎖、磁卡門鎖，進化到感應卡與智慧手機感應開鎖等。本書也適合百貨商場、大型醫院、辦公大樓、大廈物業管理公司的機電設備管理人員參考。

2018年5月筆者參加飯店工程專業聯誼聚餐，席間好友曾繁欽與張德民建議我將自己在旅館多年的經驗寫成書供相關業者參考，同時台灣餐旅專業技術協會（Taiwan Hotel Technical Association, THTA）的鄭乾池先生也從旁鼓勵我。筆者曾於1999年獲經濟部頒發節約能源傑出獎，經濟部也特地出版過筆者所著有關節約能源的書，以及獲得過許多政府單位頒發的許多獎項，有許多相關的文書資料。筆者在旅館業工程相關部門工作超過三十七年，累積不少經驗，也處理過不少疑難雜症，從新旅館規劃到舊旅館重新改建裝修，經歷過旅館的各種檢查，三十多年前國際觀光旅館的梅花評鑑與近年的星級旅館評鑑等，也遭遇過風災、水災、旱災、火災、地震、缺水、停電以及SARS事件等，處理過ISO 14001國際環境管理認證、ISO 9001、品質管理系統認證ISO 50001能源管理系統認證、ISO 22000食品安全管理認證、食品安全衛生（HACCP）危害分析重要管制點的標準，管理過勞工安全衛生的業務而且多次獲獎。

剛開始寫書時，筆者將所有重要設備的維修保養方法，以及工程部稽核的方法都寫入，總共有七百多頁，後來將之刪減至四百多頁，然後又精簡至三百多頁。書中包含許多秘方，還有節約能源與節約用水的方法，可以防止額外修理的支出，以及延長設備壽命的方法。

本書雖然已精簡成三百多頁，卻也足以讓人瞭解旅館的各種問題。此外本著助人為快樂之本，業者如果遇到各種疑難雜症，筆者很樂意有機會替業者服務；其實旅館也需要像人一樣要做年度身體檢查，如果有業者需要做稽核，筆者願意作出配合，盼能為社會做些貢獻。

魏志屏 謹識

2020年4月

目 錄

第六章　電氣設備與規劃　113

第七章　客房設計　137

第八章　客房設備　151

第十二章　洗衣房、健身房、游泳池、景觀池、庭園　235

第十三章　設備維護與管理　257

第十四章　相關證照、檢查、評鑑、結論　269

Chapter 1

台灣旅館的概況

- 前言
- 台灣旅館業的相關統計資料
- 旅館的管理
- 旅館的動向與展望

第一節　前言

近二十多年來，台灣的國際觀光旅館、觀光旅館有逐漸增加的趨勢，也隨著時代的變遷，設施項目與設備水準不斷增加與提升。

台灣旅館業的觀光旅館於1982年1月起開始實施梅花評鑑，停辦於1989年。二十年後，爲了跟上時代潮流，台灣旅館自2009年起開始有星級旅館評鑑，目前全台已有近460間星級旅館。近年來由於生活水準的提升，政府大力地輔導觀光業，更由於政府實施周休二日，帶動了國內旅遊的風潮，除了都會型的旅館生意興隆，渡假休閒的旅館也常一房難求。都會型的旅館除了需要對房間設施的改進之外，更增添多功能的會議廳、健身中心及多樣化的餐飲，服務的項目也不斷在改進，例如：喜慶宴會、商務服務、電腦網路、休閒購物、美容、交誼、俱樂部等。休閒旅館業更有綜合遊樂場，甚至附加水上活動的遊樂設施。交通部觀光局獎勵觀光產業取得專業認證補助要點，協助提升旅館業者爭取防火安全品質認證，使合法取得使用執照及旅館執照之旅館建築物再獲得防火標章的認證，目前取得認證的旅館已有十餘家。旅館爲了提升各項作業與服務等方面的水準，取得ISO 9001品質管理系統認證；有旅館響應推行環保也取得ISO 14001國際環境管理認證；有些旅館推行節約能源也再獲得ISO 50001能源管理系統認證；爲了食品安全，有些旅館取得ISO 22000食品安全管理認證。環保署自2012年開始度推動環保旅店推廣計畫，已有一千多家取得環保旅店標章（只要向地方環保局申請，門檻較低），環保署也同時推廣環保旅館，環保旅館的環保標章需要向環保署申請，要求標準較高，目前取得認證的旅館並不多，環保署仍努力在推廣中。

經歷過1999年7月29日全台各地大停電，各旅館都開始注意自備發電機的重要性。1999年9月21日大地震造成多處房屋倒塌，此後各旅館

都開始注意建築物防震、避震的重要性，內政部營建署並於2004年12月14日修正建築技術規則建築構造篇與建築物耐震設計規範及解說，來因應建築物防震問題。於2001年9月17日發生的納莉風災，造成台北市捷運及台北車站淹水，此後各旅館、旅館都會注意建築物能有防淹水的措施。在2002年3月7日發生北台灣嚴重旱災事件，此後各級旅館都開始注意儲水、節約用水、中水回收等辦法。經歷過2003年SARS事件與2020年新型冠狀病毒肺炎（COVID-19）疫情肆虐，各旅館都非常注意提升公共衛生的辦法。

最近旅館則是朝向智慧化、綠色節能方向前進。由於電腦及手機的發展、AI人工智慧及機器人不斷進步，各旅館都開始引用這些新技術，提升服務品質。例如用機器人負責接待工作、智慧家電的使用甚至能達到無人化管理的程度。綠色科技的進步與節約能源的推廣，使得照明設備都採用LED燈具，有些旅館也取得美國LEED的認證〔美國綠色建築協會建立並推行的《綠色建築評估體系》（Leadership in Energy & Environmental Design Building Rating System）〕。內政部營建署也推行綠建築標章，自綠建築標章制度推行以來，深獲社會各界認同，政府多年前便有感於綠建築與資通訊產業結合的重要，希望結合二者進一步促進產業發展，因此推動「智慧綠建築」發展。它的定義為以綠建築為基礎，導入智慧型技術之應用，使建築物更安全健康、便利舒適、節能減碳又環保，因此發展出智慧建築評估手冊及新建建築物節約能源設計標準（2013年6月19日）。有旅館在建設完成時就已取得LEED黃金級的認證以及國內綠建築標章的鑽石級認證，然後才開幕。因此，旅館業者必須要能與時俱進，才能提供給旅客更好的服務。

第二節　台灣旅館業的相關統計資料

旅館業的發展會隨著經濟進步而增加，房間數（**表1-1**）與服務的員工人數會有因果關係，數十年前做一個房間需要兩名員工合作來整理床鋪，現在則都是一人包辦；早年大型旅館的員工數會是房間數的兩倍，後來精簡爲一點五倍，甚至數目相同或更少，近年也有將房務工作及清潔工作外包的現象。

旅館可分爲觀光旅館及一般旅館，其中觀光旅館業因建築設備標準不同，又再區分爲國際觀光旅館與一般觀光旅館。觀光旅館的家數及房間數，請參見**表1-2**。各地區觀光旅館營運資料、住用率及營收概況可參考**表1-3**，都會區與風景區的住房率與房價會比較高，北部會比中南部高一些。

民宿的發展是由於風景區附近的旅館不足，民間住家多餘的房間租借給旅客，漸漸地發展出農莊式或別墅型的民宿，甚至有供不應求的現象，當然價格也不菲。民宿家數、房間數、員工人數統計可參考**表1-4**。

交通部觀光局網站每個月都會公布觀光業務統計資料，有需要者可以上網參考。

表1-1　旅館家數、房間數、員工人數統計

2020年3月旅館家數、房間數、員工人數統計表			
縣市別	合法旅館		
	家數	房間數	員工人數
新北市	250	13,192	5,663
台北市	607	30,819	13,351
桃園市	215	10,476	4,120
台中市	402	21,276	8,269
台南市	257	11,098	5,083
高雄市	384	20,313	6,065
宜蘭縣	234	8,523	3,892
新竹縣	28	1,312	656
苗栗縣	65	2,199	1,091
彰化縣	69	2,287	871
南投縣	119	6,412	2,782
雲林縣	70	2,875	965
嘉義縣	46	2,459	774
屏東縣	105	4,593	1,973
台東縣	123	7,616	2,407
花蓮縣	149	7,843	4,323
澎湖縣	51	2,702	811
基隆市	33	1,308	470
新竹市	58	3,334	1,594
嘉義市	77	4,800	1,656
金門縣	21	1,322	419
連江縣	4	83	18
總　計	3,367	166,842	67,253
說明：本表由「台灣旅宿網」彙整上傳，資料來源為各縣市政府，因各縣市政府可隨時更新異動資料，所以不同時間查詢可能略有不同。			

註：仍有許多未合法旅館。

資料來源：https：//admin.taiwan.net.tw/FileUploadCategoryListC003330.aspx?CategoryID=53e4e721-d0f7-4610-956c-1241e937e638&appname=FileUploadCategoryListC003330

表1-2　觀光旅館家數及房間數統計

台灣地區觀光旅館家數及房間數統計表 資料期間：2020年3月										
地區／客房數	國際觀光旅館					一般觀光旅館				
	家數	單人房	雙人房	套房	小計	家數	單人房	雙人房	套房	小計
新北市	3	105	539	49	693	4	172	195	21	388
台北市	26	2,742	4,894	985	8,621	19	1,039	1,314	304	2,657
桃園市	6	651	817	115	1,583	4	368	324	125	817
台中市	5	565	494	76	1,135	3	280	229	29	538
台南市	6	521	770	138	1,429	1	17	21	2	40
高雄市	9	1,100	1,691	320	3,111	2	95	238	64	397
宜蘭縣	5	260	534	99	893	3	113	158	33	304
新竹縣	1	261	92	33	386	1	242	105	37	384
苗栗縣	0	0	0	0	0	1	11	174	6	191
彰化縣	0	0	0	0	0	0	0	0	0	0
南投縣	3	133	175	91	399	0	0	0	0	0
雲林縣	0	0	0	0	0	0	0	0	0	0
嘉義縣	0	0	0	0	0	3	95	113	28	236
屏東縣	3	128	676	47	851	1	24	184	26	234
台東縣	3	143	295	69	507	1	20	259	11	290
花蓮縣	6	291	902	254	1,447	0	0	0	0	0
澎湖縣	1	61	247	23	331	1	44	17	17	78
基隆市	0	0	0	0	0	1	73	64	4	141
新竹市	2	320	114	31	465	0	0	0	0	0
嘉義市	1	40	200	5	245	1	49	68	3	120
金門縣	0	0	0	0	0	1	3	41	3	47
連江縣	0	0	0	0	0	0	0	0	0	0
合計	80	7,321	12,440	2,335	22,096	47	2,645	3,504	713	6,862

資料來源：https：//admin.taiwan.net.tw/FileUploadCategoryListC003330.aspx?CategoryID=3d2faec1-39d0-4a48-8b90- bc34e1330b18&appname=FileUploadCategoryListC003330

表1-3 觀光旅館營運統計

觀光旅館營運月報表單月—彙整表					
2020年3月（Data for 2020/3）					
住用及營收概況					
地區名稱		客房住用數	住用率	平均房價	房租收入
台北地區	國際	27,290	10.32%	3,798	103,647,777
台北地區	一般	11,718	14.23%	3,168	37,124,764
台北地區	小計	39,008	11.25%	3,609	140,772,541
高雄地區	國際	13,902	16.30%	2,168	30,142,338
高雄地區	一般	2,106	17.11%	3,309	6,968,531
高雄地區	小計	16,008	16.40%	2,318	37,110,869
台中地區	國際	6,237	17.73%	2,155	13,439,269
台中地區	一般	4,299	39.74%	2,423	10,418,000
台中地區	小計	10,536	22.90%	2,264	23,857,269
花蓮地區	國際	11,162	28.00%	2,686	29,985,301
花蓮地區	小計	11,162	28.00%	2,686	29,985,301
桃竹苗地區	國際	11,301	15.03%	2,957	33,411,525
桃竹苗地區	一般	6,036	13.99%	2,156	13,015,393
桃竹苗地區	小計	17,337	14.65%	2,678	46,426,918
風景區	國際	27,501	43.72%	4,788	131,675,610
風景區	一般	4,598	17.76%	4,464	20,524,559
風景區	小計	32,099	36.15%	4,742	152,200,169
其他地區	國際	26,440	24.27%	3,102	82,013,087
其他地區	一般	5,774	15.25%	2,336	13,485,912
其他地區	小計	32,214	21.95%	2,965	95,498,999
	總計	158,364	17.91%	3,321	525,852,066

資料來源：https：//admin.taiwan.net.tw/FileUploadCategoryListC003330.aspx?CategoryID=0dcf358f-f875-452d-8d14-2b715d02ab1a&appname=FileUploadCategoryListC003330）

表1-4　民宿家數、房間數、經營人數統計

2020年3月民宿家數、房間數、經營人數統計表			
縣市別	合法民宿		
	家數	房間數	經營人數
新北市	270	900	394
台北市	1	5	1
桃園市	65	271	136
台中市	101	387	189
台南市	338	1,242	591
高雄市	105	399	266
宜蘭縣	1,537	5,924	2,252
新竹縣	90	435	153
苗栗縣	316	1,136	449
彰化縣	69	274	135
南投縣	744	3,713	1,134
雲林縣	68	303	74
嘉義縣	225	810	453
屏東縣	873	3,864	1,448
台東縣	1,309	5,730	1,835
花蓮縣	1,846	7,344	2,076
澎湖縣	841	3,939	962
基隆市	2	10	3
新竹市	0	0	0
嘉義市	1	6	4
金門縣	403	2,005	710
連江縣	181	899	364
總計	9,385	39,596	13,629
說明：本表由「台灣旅宿網」彙整上傳，資料來源為各縣市政府，因各縣市政府可隨時更新異動資料，所以不同時間查詢可能略有不同。			

註：仍有許多未合法民宿。

資料來源：https：//admin.taiwan.net.tw/FileUploadCategoryListC003330.aspx?CategoryID=ddeddb2a-dab1-40df-aef7-4e30cbdf35e2&appname=FileUploadCategoryListC003330

第三節　旅館的管理

旅館的投資與興建有許多不同的原因，有些是外資，有些是建設公司，有些是金融業者，也有些是地主自行開發。

旅館的管理大致上分三種：(1)委託管理（Management）。(2)特許經營（掛牌）（Franchise）。(3)業主自己管理（自創品牌）。

一、委託管理

業主方按照旅館管理公司品牌的標準建造旅館，然後把旅館委託給專業品牌公司去經營。那麼品牌公司是以品牌和專業的管理團隊來替業主經營旅館，相對地也會收取相關的管理費，比如說基本管理費、獎勵管理費等。受委託的旅館管理顧問公司按營業收入的若干百分比收取基本的固定費用，如技術服務費、基本管理費等，並由營業毛利中抽取5%～10%的利潤分配金。在委託管理的模式下，實際上旅館的日常經營是由旅館品牌公司來進行，那麼也就是說旅館日常經營在合作的過程當中，業主最關心的人員、財務和物品這三大主導力量完全由旅館品牌公司控制，當然它是受到了旅館業主方的監督。例如：凱悅酒店集團（Hyatt Hotels Corporation）、希爾頓飯店集團（Hilton Hotels）、香格里拉（Shangri-La）酒店集團等。

二、特許經營（掛牌）

與委託管理最大的區別就是旅館品牌公司是將其旗下的品牌的使用權以及它品牌背後的知識產權，所有品牌在建設時期的建造、機電、室裝以及在旅館開業後的所有的營運SOP標準，全部給旅館的業主方來使用，旅館需要自行組建團隊。品牌公司不出管理的團隊，那麼也就是說在旅館的日常經營當中的人、財、物是由業主方來掌控的，旅館品牌公司會定期來做督導工作，例如：萬豪（Marriott International）、洲際酒店集團（InterContinental Hotels Group，簡稱IHG）、金鬱金香酒店集團（Golden Tulip - Hotels. Suites. Resorts）、溫德姆酒店集團（Wyndham Hotels and Resorts®）等。

三、業主自己管理（自創品牌）

旅館的組織架構基本上大致相同，人員應用方面可能比較精簡，旅館的經營發展優良，進而在各地發展出合資或直營連鎖店或加盟（委託管理）旅館，業務方面比較沒有國際連鎖品牌的加持，而要靠自己的業務總部來發展或簽約旅行業者的合作；現在流行的線上旅行社（Online Travel Agent, OTA）（大約付12%佣金），也會與旅館簽約，如Agoda、Booking、Expedia、Hotels.com等線上訂房平台，近年來由於網路的社群媒體發達，主流的社群媒體平台包括：臉書（Facebook）、部落客（Blogger）、Instagram、TikTok抖音、LINE、Youtube、WeChat微信，業務總部也會有人負責關注社群媒體的評價以及與顧客即時互動，當然旅客會在相關媒體發表感想，甚至有網紅名人也會發表相關經驗，間接會影響生意。本地知名品牌有：凱撒飯店集團、雲朗觀光集團、老爺酒店集團、晶華國際酒店集團、國賓大飯店集團、福華飯店集團。

第四節　旅館的動向與展望

旅館未來的競爭是很激烈的，各種國際品牌連鎖旅館陸續進軍台灣，老舊的旅館為了競爭，也不斷地裝修或改建以符合現代化，高檔旅

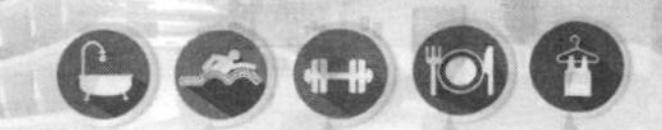

館或平價快捷旅宿各搶市場，旅館服務也多元化；科技的進步發展是非常迅速，服務的需求是會改變的，有些是力求精簡、環保，例如：環保旅店不主動提供一次性即丟備品（包括：牙刷、牙膏、洗髮精、沐浴乳、香皂、刮鬍刀、浴帽等），改用大瓶手壓式沐浴乳、洗髮精、潤絲精等（國際知名旅館集團也開始有這些類似響應）。環保標章與環保旅館，客房採用告示卡或其他方式說明，讓房客能夠選擇每日或多日更換一次床單與毛巾，在浴廁或客房適當位置張貼（或擺放）節約水電宣導卡片。觀光局對於不合法旅館與民宿會採取一些辦法處理、輔導改善，例如：政府機關人員出差或國民旅遊補助等排除不合法業者，觀光局的旅宿網也只推薦合法業者。服務的發展是會依照需求而改變，所以青年旅館開始流行，附有洗衣機、烘乾機方便自助旅行者使用；國內旅遊攜帶寵物也開始普遍，所以寵物友善旅館也開始受歡迎；穆斯林友善的餐旅認證，也是旅館考慮的方向；星級旅館的認證以及食品安全衛生（HACCP）的標準，也是旅館努力的目標。電動車已開始普遍，所以電動車充電系統已變成基本設施，智慧型無人停車場更可以節省人力。少子化的時代來臨，親子友善旅館也受到歡迎。醫學發達，使得人壽命延長，全家與長輩出遊其樂融融，所以輪椅房與樂齡友善房非常搶手。有些客人需要的是豪華享受，旅館設有米其林餐廳更是吸引饕客的良方。智慧型旅館是未來發展的方向，全方位免費Wi-Fi以及未來的5G訊號更是努力的目標，智慧型電視是基本配備，方便客人用智慧型手機直接撥放影片或照片。人力的精簡使得自助接待Kiosk櫃檯已開始普遍，未來的客人「刷臉」（人臉辨識）入住已指日可待，利用智慧手機藍芽感應開門已開始普遍，手機操控燈光與電視已不是新聞，聲控操作燈光、空調與電視，甚至呼叫AI機器人送餐也已開始運作，旅館的發展很自然地會與時俱進。

Chapter 2

基地評估及市場調查

- 基地評估
- 市場調查
- 旅館的項目設計
- 旅館開發計畫作業流程

城市與郊區的基地評估會有所不同，在市中心出現的一塊基地是無法選擇的，只能被動地去配合評估，發揮出商業型技巧的突破性解釋，巧妙地發展出競爭的優勢，甚至將不可能變爲可能，過去在做基地評估時有一句名言：Location（地點）、Location（位置）、Location（定位），至今依然有效。但是有些大旅館，雖然靠近機場，但生意並沒有比較好，相反地靠近展場或商業區的旅館反而生意比較好。當然規劃的理念及格調是需要仔細地考慮，旅館的品牌及企業的形象塑造也是非常重要，旅館業務與市場研究調查，擴充生意的操作，以及突破創意行銷的手法，往往能夠異軍突起，創造優異的成績。旅館的成功還有一個致勝的關鍵，那就是讓所有的顧客Comfort（舒服）、Comfort（歡愉）、Comfort（安慰），如何抓住客人的心，那就是服務的要訣，不同年齡與背景的人需求可能都不盡相同，旅館基本上是提供睡眠、飲食、歡樂的場所，能夠建立口碑，讓來過的人還想再來，沒來過的人也希望能來朝聖；成功的旅館必定有一套秘方，適時提供恰當的服務給需要的客人，能夠建立大數據，適時預知客人的需要，貼心地提供給顧客，也能不著痕跡地增加營收，還能促進顧客的忠誠度，甚至提升網評更能吸引新的客人。

第一節　基地評估

靠近機場還是車站、捷運、展覽館，或商業區、文教區或觀光區，休閒娛樂區、風景區或港口，山區或海邊，交通便利還是悠閒安靜，各有其利，還有社區的整體發展，都市計畫整體發展，自然災害的影響評估，地質探勘資料，也可以上網去查旅館預定地是否位於地震的斷層帶附近，或土石流的潛勢區域，基地是否會有淹水的可能，決定飯店是否要準備防範水災的設施。

要考量土地使用權的取得，購買或租用，使用年限，建築物的生命

週期計畫，以及樓層高度設計是否具有前瞻性。還要考慮資金的籌措和融資條件、額度及期限、市場經濟及可貸款情況、股東招募的可行性與比率。

第二節　市場調查

隨著旅館業競爭的白熱化，與消費者需求的多樣化，經營者必須擺脫傳統的思想，跟上時代的腳步，對預定開設旅館的周邊商圈進行詳細審慎的調查與評估，並計算出合理的投資成本與回收，利用大數據資料以及網路多媒體，可以分析出旅館的業務發展方向，預知顧客的喜好，精準地抓住客人。

依據市場定位來預估未來市場情況，平均房價和平均餐飲消費條件，餐飲消費和客房銷售的關係及比例，其他收入的預估，例如：店舖出租、洗衣收入、服務費收入等情況。若為風景區休閒旅館，遊憩節目和旅遊服務收入，是一項很重要的營收。此外配合市場需求和本身設施計畫的項目，可設立會員俱樂部來招收會員，此乃與旅館企業形象行銷有密切關係的運作方法，須審慎評估和計畫推出作業的時機。投資回收計畫乃依據設備說明及經營計畫來做預估，以期估算回收期限，財務預測大都採用權責發生制來做評估投資回收期。

第三節　旅館的項目設計

一、設施概要

設施概要是由業主依據每個項目的客房數、餐飲種類、宴會、會議空間、健身房、游泳池、三溫暖、娛樂室、商店等，客人動線與服務動線及旅館其他的規劃要求所設定，有些設施是必須的，有些則是可以有替代方案，例如小型旅館的洗衣房，就必須省略而改爲外送方式來解決，但要考慮到交通運送問題，以及儲備量的問題。

二、設計標準的使用

設施概要與後續的設施（如電力、給排水、空調、瓦斯、電信、衛生下水道、消防等）規劃表形成旅館設計的基礎與適用的設計標準。設施概要與設施規劃表兩者一起與特定的適用設計標準結合，成爲旅館設計的指標。此外政府法令、建築法規與規定，以及基地現況與當地環境的因素都將影響旅館設計。

第四節　旅館開發計畫作業流程

旅館的開發必須將作業流程做重點計畫，從成立公司或股東加入、選擇土地、建築結構、機電設計配合、室內裝修、申請相關證照、驗收、試營運、開幕等，排出時程表，定期檢討以及修正。

旅館開發計畫作業流程可以分以下幾個階段：

1.土地開發作業階段：

(1)取得土地及建物使用權。

(2)分區使用證明。

(3)環境影響評估。

2.申請觀光旅館籌設階段：

(1)觀光旅館籌設核准函（約14工作天）。

(2)申請公司設立登記（約7工作天）。

3.建築物規劃設計階段：

(1)建築設計。

(2)概念設計。

(3)基本設計。

(4)細部設計。

(5)結構設計。

(6)機、水、電、空調設計。

(7)消防設計。

(8)廚房設計（樓層降板區的規劃、排水溝等）。

(9)室內裝修設計（樓層降板區的規劃、衛浴廁所）。

(10)景觀設計。

4.申請建築執照階段（約14工作天）：

(1)拆除執照（如有舊建築物）。

(2)建築執照。

(3)室內裝修執照。

5.建築工程發包階段：

(1)價值工程（費用檢討）：就是設計師所定的規格可能是進口的或是特定的，價格可能非常昂貴，業主方就會討論，改變工法或材料以降低成本或工期，得到相似的效果。

(2)施工圖。

(3)工程發包。

6.建築物施工階段：

(1)申請開工，放樣。

(2)各階段施工與建管查驗。

(3)變更設計。

(4)變更起造人（如有必要）。

(5)自主完工檢查（必須有紀錄）。

7.申請使用執照階段：

(1)門牌整編證明（約5工作天）。

(2)電梯查驗合格證。

(3)消防檢查合格證（約45工作天）。

(4)室內裝修查驗合格證（約30工作天）。

(5)無障礙設施查驗合格證。

(6)污水排放接管查驗章。

(7)取得使用執照。

8.產權登記階段：

(1)建築物總登記測量成果表（約14工作天）。

(2)公告（30天），核發權狀（約35工作天）。

9.財務籌資預算階段：

(1)建築融資與土地融資貸放款。

(2)不動產抵押貸款、放款。

10.申請五大管線接管階段：

(1)自來水裝錶供水。

(2)電力裝錶供電。

(3)電信電訊線路引入。

(4)瓦斯裝錶供氣。

(5)污水排放接管。

11.室內裝修工程階段：

(1)概念設計。

(2)基本設計。

(3)細部設計。

(4)室內燈光設計。

(5)指標系統設計。

(6)電子看板與廣播系統設計。

(7)建物外觀燈光設計。

(8)舞台燈光與音響設計。

(9)價值工程（費用檢討）。

(10)室內裝修發包與施工。

(11)消防檢查合格證（約45工作天）。

(12)室內裝修合格證（約30工作天）。

12.設備移交與建物接管：

(1)成立後場辦公室。

(2)組織驗收接管小組。

(3)工程部接管設備。

(4)客房驗收移交。

(5)公共空間驗收移交。

(6)瑕疵改善工程（缺點改善）。

(7)接管門禁安全管制系統。

(8)營運生財設備移入。

13.申請營業登記階段（約45工作天）：

(1)申請旅館營業登記。

(2)污水排放合格證。

(3)公共安全檢查簽證。

(4)消防安全查驗（消防執照）。

(5)申報服務人員資歷。

(6)聯合稽查小組。

(7)無障礙設施查核。

(8)主管機關核准營業登記。

14.開幕階段：

(1)試營運（訓練員工）。

(2)開幕（通常會選吉日或有意義的日子）。

Chapter 3

旅館企劃的提案

- 企劃提案的考量
- 旅館建築
- 建築物外牆
- 建築材料
- 建築避震
- 建築外殼隔熱、外遮陽設計、**Low-E**玻璃
- 餐飲與客房部門比率規劃
- 設計師

第一節　企劃提案的考量

這幾年旅館興建的理由有許多種，有些是舊地重建，也有土地重劃整合或新生地開發，有些是市區、有的是郊區，業主有些是開發商，有的是建築業、保險業，有的是與捷運共構，有的是辦公大樓、商場、旅館共構，也有與展覽館相鄰，有些在風景區內，不論如何其目標就是要能賺錢。

旅館的競爭是很激烈的，在同一區可能好幾家旅館，甚至在同一間建築物會有不同的旅館出現，此時必須作出市場定位區隔，去爭取不同客層的業務，例如：觀光、商務、度假、進香、進修等，也會針對不同國籍客源、或不同宗教、不同消費群來做區分。通常旅館也會分淡季與旺季，房價也會有所不同，不同網站或區域訂價也會有所差異，有簽約的旅行社或公司與未簽約的價格也會有差異，臨時散客入住的價格更是會有變化。旅館的宴會廳與餐廳營業也是營利的好單位，會議、婚宴、全日餐廳、自助餐、下午茶時段，年節、假日、平日價格也會有所不同。

旅館是一種全天候、全年無休、24小時營業的行業，它不像交通機構或航空事業等，可以臨時增加班次來服務客人，所以在規劃期間應該有正確的觀念及認知。

第二節　旅館建築

旅館的設計者，常未考慮日後營運及保養的方便性及實用性，所以往往造成實際營運及保養人員的埋怨，然後須再花金錢及時間來改善，有些問題則是無法改善。所以現今就營運及保養者的觀點來看，在旅館

的設計上應事先周詳地考慮各種問題，如此不但可以節省經費，更有實用性、安全性，並可兼顧環保及節約能源的功能，因而可以提升服務品質，達到「以客爲尊」的目的；所以旅館業的設計上應該事先做高品質的考慮，以免事後必須再改善。

一、環境評估

在設計一個旅館時必須先做環境評估，而不是隨便蓋一個旅館就可以營運賺錢的。

對於環境必須善加考慮，其最主要之項目爲：

1.現況及未來之發展：目前爲政經中心或工商業之集中區，未來是否會擴大發展。

2.地理條件：建築地是靠山還是近水，周圍是大廈林立還是散戶雜居，是否在飛航區域附近。

3.交通狀況：機場、港口之距離，鐵公路或捷運之遠近，交通網設施狀況，車輛進出動線。

4.氣象情況：地震發生之頻率、強度，颱風級數，兩百年洪水頻率，降雨量，相對濕度，平均溫度，空氣污染指數，噪音源，日照情況。

5.能源供應狀況：水資源（自來水）、電力（容量）、瓦斯（管線）。

二、建築結構種類

早期的建築結構是木造的，或是磚造的，這類的建築已逐漸被淘汰（因爲木材價格逐漸攀升，而磚造房比較不耐震），近代的建築已進化爲鋼筋混凝土建築、鋼骨結構、鋼骨鋼筋混凝土的結構形式。

(一)鋼筋混凝土建築（Reinforced Concrete, RC）

這是一般台灣最常用，也是目前最成熟的建築結構，20層樓以下的建築常用此法建築，一般而言RC造價較低。

(二)鋼骨結構（Steel Structure, SS）

鋼材強度比較高，且尺寸及重量都較混凝土來得輕巧許多，鋼骨結構的梁與柱的接合，或是鋼骨與鋼骨的接續，都要大量的焊接工作，因此焊接人員的技術水準與穩定性，對焊接品質乃至整體結構安全，有深遠影響。另外鋼骨構造受熱後，材料強度會大幅降低，因此鋼構材防火被覆的工作，一點都不能疏忽；SS造價最高。

(三)鋼骨鋼筋混凝土（Steel Reinforced Concrete, SRC）

結合鋼骨與鋼筋混凝土的結構形式，具有兩種結構的特點，所以施工不易及品管要求比較困難。鋼骨結構因具有韌性，被認爲比傳統的鋼筋混凝土結構更耐震，就舒適性比較，RC及SRC採用較爲厚實的混凝土柱、梁，所以振動及隔音效果比SS好，而SS骨架較爲修長，受到地震、風力作用時，都有一定程度的擺動，人員會有暈船的感覺，目前相當流行的斜撐防震設計的鋼骨大樓可以改善以上的困擾，也可有效降低地震時位移產生的變形安全問題，更能有效改善大樓受風力吹動而搖擺的舒適度問題。

(四)鋼筋混凝土構架式梁柱預鑄工法〔RC（Precast Concrete）預鑄工法〕

此法是建造高樓建築的選項之一，是將整體的工程標準化、省力化，可有效縮短工期，降低營造管理成本。施工方法是將建築的構件模

組化，在工地外的工廠預先做好，再運至工地組裝，因為施工標準化，所以品質管控較佳，也可設計有特殊造型的外凸房，以增加建築的特色；施工期透過瑞思公司SUIQUI管理軟體及BIM系統，可以將工地施工管理透過雲端以及智慧型手機上傳照片做得非常詳細，方便旅館監工或旅館管理人員隨時看報告，以及日後查詢所有的相關資料，甚至室內裝修時的施工與驗收時的所有資料。

三、建築結構

在建築結構上，要考慮到造形，坐落方向日照、抗震、耐風、是否會淹水、地質是否穩固、能源耗費、防蝕性，「因為近年來酸雨的情形頗為嚴重，接觸到雨水的設施要特別考慮其材料的選用」。鋼骨結構的超高大樓，不但是地震時會搖，連颱風來襲時也會搖，像40層樓的樓頂，在強烈颱風時的擺幅有時會達40cm。外牆的結構，也可考慮利用自然光源以利節約能源。

如果地處容易淹水地帶，或有可能遭受淹水的地段是否考慮提高建築基地的高度，或利用設施來防止淹水事件的發生，例如：車道出入口的防水擋板，或大門口的防水擋板等。多年前就曾發生有旅館的客人划橡皮艇出去趕飛機的情況，或甚至有整個地下室全部泡水，而停業好幾個月的情況發生。建築物在設計時要考慮兩百年防洪頻率，依照地區的不一樣，其淹水的高度也會不一樣，假設基準線是1公尺，則所有的排氣管、進氣管、透氣管、逃生口、戶外管道進出口等都需要超過這些高度（必須全面檢查以免有漏網之魚）。至於門、窗、停車場等人員出入口則必須考慮用防水擋板或防水閘門，依照數量及安裝的速度來決定是採用手動還是電動，這些設備必須編號、建檔，定期檢查保養，以免需要用時出現問題。

四、旅館的風水

在台灣現有的傳統建築以及新式的建築中，也會有一些古老的風水學說，對於現今的建築來說還是有許多會考慮的條件，可能有些信息能量可以使我們心情愉悅與健康長壽，而風水就是在地基、居所布局基礎上增加某種信息符號，以滿足人們趨吉避凶的心理要求，風水的考慮對於旅館的成功發展也許會有一些助力。

一般來說旅館的開工典禮都會有一些儀式，邀請業者與施工人員參加，以祈求施工期間一切平安順利。

(一)傳統的風水

在設計開始時，風水大師應對場地進行審查，以確定正負能量，建議開發正能量並消除負能量。

在主要入口的規劃和設計以及大廳，水景地點的規劃及庭園綠化應考慮到風水的項目，風水大師確保正能量被利用而負能量被排除。關於庭園植物位置、種類都要考慮，例如有刺的植物可能不利風水，或容易落葉的植物不適合花園等，這些都還滿有道理的。開發的場地規劃和設計應由風水大師考慮到平安順利的發展，開工與動土日期和儀式應該由風水大師建議。如果日期不妥或需要不同的時辰，風水大師則應採用緩解任何負能量的方法，同時建議確定現場祝福和竣工儀式的日期時辰。

(二)科學的風水

從科學的角度來看風水與解釋風水，也可用科學的工法來得到趨吉避凶的效果，使旅館的經營能夠與時俱進，所謂風水寶地與選址作爲旅館用地，必須因地制宜來做變化，在城市中基地面積的大小會影響旅館的規模，建築物的方位也許不能改變，但設計的方式會影響能源消耗與

建築物的生命週期，其他小地方要注意不要採用使人產生錯覺而迷惑的物件，要避免容易讓人受傷的尖銳轉角或家具等物件。

第三節　建築物外牆

建築物外牆的設計非常重要，那會決定人們對它的第一印象，以及建築的風格，也會影響未來的保養以及能源的消耗。

1.建築物外牆不但要抗陽光紫外線，更要注意防水，處在地震及颱風頻繁的地方，外牆的防水更要注意，以免營運時常漏水而有所損失。外牆的玻璃窗，不但要做隔音、防水，耐風壓更要強固得不會被「吸」出去，在台北就曾發生過建築物的背風面窗戶被吸出去的事件。屋頂或凸出物及陽台的排水量也要足夠，不可只考慮美觀，更要考慮是否能安裝衛星天線。現在政府開放了直升機的業務，所以屋頂的設計也應考慮是否可設直升機停機坪以及建築物屋頂是否夠堅固，以利業務上的競爭。在常塞車的都市或道路彎曲的風景區（救災、救治傷患），直升機是一個很好的交通工具。
2.在陽光較多的地方，屋頂的設計更可以考慮太陽能集熱板（熱水器）或太陽能電池等的節約能源設計概念。
3.建築物外牆的隔熱考量也是很重要的，隔熱不好是會影響到空調耗能的，建築物出入門的設計不但要考慮方便性、強度，也要考慮到節約能源，因爲大樓的迎風面或背風面產生壓力差，使得冷氣容易流失而浪費能源。另外大樓內的停車場及安全梯等地也會產生壓的差的問題，在設計這些地方的空調，也要注意空調壓力的平衡，否則冷氣也很容易流失。
4.當建築物設計有室內或露天型游泳池時，不但要注意防水問題，更要注意要有足夠的排水設計，因爲當地震時，游泳池的水是會像湧浪一般「搖晃」出來。此時如果排水量不足，則容易造成水害問題。

5.建築物一樓的門窗，最好能考慮到能防颱，當颱風來臨時能做必要的防護，最好是能加做電動鐵捲門，當颱來襲，只要一按鈕便能將鐵捲門降下，甚至在街頭的遊行暴動時，也可以防止門窗被暴民所破壞（在多年前街頭鎮暴發生衝突，就有旅館門窗被破壞的案例）。

6.綠建築的優點是環保、節能、減碳、救地球，基本上綠建築是可以節約能源的。使用鋼骨建築就比用鋼筋混凝土構造的建築要環保些。鋼筋混凝土建築的水泥、砂石用量遠超過鋼骨構造建築，是造成RC構造傷害環保的重要原因。尤其鋼筋混凝土建築的耗能量，是鋼骨建築的1.3倍，而二氧化碳的排放量更爲鋼骨構造的1.6倍。此外砂石、水泥等資源有限，鋼筋混凝土不僅浪費能源，將來在建築物解體時，其廢棄的水泥物、土石磚塊也難收回收再利用，再次造成環保上的負擔。所以綠建築是非常重要的，不但在規劃上要考慮所使用的設備、材料，在施工上的管理以及在汰舊換新的裝潢上都要考慮環保問題。甚至在廢棄物處理方面，資源回收區都要預做良好的規劃。在非常注意形象的公司，提倡綠建築不但可以提升形象，而且使公司能永續經營，更對未來盡其責任。

內政部建築研究所推廣綠建築標章，根據《綠建築自治條例》規定，取得綠建築標章就能夠享受容積移轉、容積增加，但必須依照增加容積規模大小，分別取得合格、銅級或銀級綠建築標章。新建物增加容積20%或樓地板面積1,000m^2以上，應至少取得銅級綠建築標章，增加容積30%或樓地板面積2,000m^2以上，應至少取得銀級綠建築標章。

有了良好的節約能源設計，就需要良好的管理，所以就必須導入ISO 50001能源管理系統，能源管理系統將促使旅館達成其政策承諾、採取必要的能源管理行動，要求旅館發展並實現能源政策，建立目標管理。

7.有中庭的建築物必須考慮到建蔽率、容積率的問題，以免發生三十多年有些大樓的「中庭違建問題」，以及中庭空調不足的問題，或中庭屋頂的漏水問題，甚至要考慮到防止有人在中庭跳樓自殺的問題，另外還有中庭「回音」問題。

第四節　建築材料

時代在進步，建築材料必須注意一些相關事項，以避免會產生一些安全性問題。

1.要注意防止「海砂屋」情況發生，要注意沙子的氯離子含量勿超過中國國家標準（CNS3090）之預拌混凝土水溶性氯離子含量標準值，否則將來會變成危樓。

2.以爐渣滲入混凝土裏當作是砂石原料而蓋出來的房子，很可能就是爐渣屋，在砂石原料價格昂貴、爐渣回收利潤又很高的情況下，有不良廠商將爐渣滲入混凝土當原料來用，必須要求建商保證「混凝原料不含爐渣成分」（爐渣屋的牆面不美觀外，也會影響耐震係數）。

3.外牆抗污自潔新工法，如果新大樓完工或外牆清洗完成，就在外牆表面施作一層自潔型光觸媒，就可以改變外牆的新風貌。新工法具有下列優點：

(1)建築物降溫節能。

(2)外觀不易髒污。

(3)省下外牆清洗的費用。

(4)保護牆體不受紫外線侵害，延緩老化。

4.金屬帷幕牆需有防水設計、導水、膠條以及優良的填縫劑，隨著時間、地震、颱風等問題，金屬帷幕牆會出現漏水問題，需要修理。爲了維護外牆美觀，需要定期清洗外牆，清洗時用的清潔劑要使用中性的，以防腐蝕。清洗外牆用的吊籠必須要有合格證，操作人員需要有合格證，施工前一日要向勞動檢查處申請報備，要注意工作區內禁止非工作人員進入。爲防止大樓磁磚鬆脫剝落，利用「紅外線檢測」技術，透過熱感應偵測，「溫度比較高」的磁磚就算鬆脫「黏不緊」，可以提前進行預防作業。

5.大樓的石材地面，時間一久，光澤會減低，所以要做晶化處理以保持光澤，盡量不要打蠟以免人員容易滑倒，下雨天在大樓一樓的出入口地面要鋪防滑墊，以防止人員滑倒意外。

6.有些大樓外牆用花崗石施作，花崗石材質很重，必須注意固定掛件必須用不銹鋼材質，縫隙間必須用防水矽膠填縫，鋼構內部也必須用玻璃保溫材料包覆處理，石材外牆要定期清洗做保養，颱風過後，牆的內側也要檢查是否有滲漏，地震後外牆也要仔細檢查是否有受損。

7.有些大樓的蓄水池採用玻璃纖維強化塑膠（Fiberglass Reinforced Plastics, FRP）製造，優點是重量輕、施工容易。

8.室內裝修的地磚，也有人採用人造大理石，木質地板也改用人造木紋地磚等。

9.關於羊毛地毯也漸漸改用人造防火地毯。

10.鑄鐵的污水管也改用橘紅色的DWV發泡管，管內、外層均爲硬質PVC-U材質，中層爲PVC發泡體，故管材內、外層仍維持與一般PVC-U管同樣的光滑與平整性，其耐酸、耐鹼、耐腐蝕性亦與一般PVC-U管完全相同。

11.隔間用的三夾板、木心板也已改用石膏板或矽酸鈣板，既環保也能防火。

12.塑鋼門與透氣百葉窗已取代木製浴室門，防潮又耐水洗，既環保也能防火。

第五節　建築避震

台灣歷經了921大地震之後，建築業興起了制震、隔震、防震等設計。

現今內政部營建署的建築物耐震設計規範明定新建的建築物，至少要能達到「小震不壞、中震可修、大震不倒」的耐震標準。

根據地震歷史統計，台灣平均每30年就會發生一次強烈地震（約6.3級），其強度不一定會使建築物嚴重受損，在地震過後能夠維持其正常機能。假設一棟建築物的使用年限為50年，那麼它遭遇平均每30年才發生一次的最大地震，機率約有1～2次；遭遇平均每475年才會發生一次的最大地震，機率約為10%。避震的投資是必要的，畢竟生命是無價的。

一、內政部建築技術審議委員建議耐震較佳之設計

為提升建築結構耐震品質，加強建築結構之耐震設計與施工工程品管，以保障公共之安全，不需太複雜之設計，宜考慮下列耐震較佳之設計：

1.儘可能採用簡單、對稱及規則之外型。

2.採用較輕之建築物重量。

3.避免較高之細長比。

4.提供贅餘度及韌性以克服地震力作用之不確定性。
5.提供足夠之勁度以限制側向位移，減少相關之損壞。
6.提供足夠之柔度以限制加速度，減少相關之損壞。
7.提供韌性及穩定度於後彈性往復行爲時之強度與勁度。
8.提供均勻之強度、勁度及韌性且連續分布。
9.依基礎及土壤型式提供適當之基礎結構強度與勁度。
10.使用較短之跨度及較近之柱距。
11.將每一樓層包括基礎之垂直構材聯繫在一起。
12.確定及提供一系列之韌性連接以吸收非線性之反應；使用容量設計之原則以避免脆性破壞。
13.考慮採用消能設施作爲設計之策略。
14.考慮採用隔震設施作爲設計之策略。

二、一般建築物避震設計

(一)基部隔震器

位於建築物柱子底下，能削弱地震的剪力而減少毀壞。側面以一層層的橡膠取代，可以吸收橫向的運動，並將建築結構彈回原來的位置。鋼層與橡膠連結在一起可產生勁度，防止建築物垂直運動。鉛製核心則可以穩住建築結構，防止因風而傾斜（此種隔震器價格昂貴）。

(二)黏滯液體式阻尼器

功能就如同汽車的避震器，能抵消地表的震動並減少樓層之間的位移，使建築物免於被扯裂的命運。有孔的活塞頭能在矽酮油之中滑動，將地震所引起的機械能轉換成熱能而散逸。

(三)避震伸縮縫

大型複合式建築在相接的位置會設計有伸縮縫，在大地震發生時該伸縮縫會被壓縮，而伸縮縫上面的地磚會被擠壓而上升，但接觸面並不會破裂，建築物並無大礙（台北遠企中心與香格里拉台北遠東國際大飯店都有類似設計）。

(四)天花板的避震

針對大面積輕鋼架天花板需按照內政部營建署建築物耐震設計規範及解說來施工，可以防止天花板坍塌。

第六節　建築外殼隔熱、外遮陽設計、Low-E玻璃（Low-Emissivity低幅射）

一、建築外殼隔熱

1.應用雙層外殼內置流動空氣層作爲建築物外殼構造，針對不同的外殼構法及通風方式，進行室內外實驗，衡量流動空氣層之等效熱傳透率及熱阻，並評估其隔熱性能及節能效果。
2.想要降低室內溫度，空調只是治標的方法，阻擋過多的太陽幅射熱進入室內才是最根本的解決之道。
3.窗戶的內、外或是本身附加一些遮蔽的設施，例如陽台、遮陽板、棚架、窗簾或吸熱玻璃、雙層玻璃、反射玻璃等。
4.一般人以爲在室內裝上窗簾便可阻擋日射熱的入侵，其實窗簾或室內百葉（內遮陽手法）雖能阻擋17%的日射熱，然而使用外遮陽手法（如南向仰角45度的水平遮陽板）則可輕易地遮去68%的日射熱，由此可看出外遮陽與內遮陽間的差異。

二、開口部的外遮陽設計

建築物的窗戶位置可以採用外部遮陽方法達到節約能源的效果。

(一)外遮陽的好處

1.降低空調能源消耗。
2.防止眩光。
3.增加採光。
4.提高晝光照明均勻度。
5.引導自然通風。
6.改善室內環境微氣候。
7.造成建築外觀的光影美學變化。

(二)依照建築物的結構不同來設計

1.如何利用外遮陽來抑制建築物開口部位的熱量，同時又不會影響室內的採光（如設置導光板來間接輔助光線進入室內），乃是決定外遮陽性能好壞的主要原因。
2.對於屋頂與外牆的隔熱方面，目前研發可應用的材料有省能隔熱塗料（如氣凝膠壓克力樹脂、氧化矽氣凝膠原）、發泡陶瓷輕質骨材隔熱外牆板、隔熱磚、發泡樹脂隔熱材以及泡沫玻璃等。
3.在現代則發展為雙層屋頂的隔熱設計，亦即在平屋頂上加建一透空的鋼板屋頂，中間的通風空氣層在50cm以上，幾乎可將強烈的太陽幅射熱完全去除。

三、Low-E（Low-Emissivity低幅射）玻璃

Low-E玻璃，即是利用玻璃上的鍍膜層，阻擋太陽的熱幅射。

(一)Low-E玻璃的節能

在夏季，Low-E玻璃可以阻擋太陽中的紫外線及近紅外線，室外地面、建築物發出的遠紅外線等熱幅射線進入室內；且有較低的Sc（遮蔽係數），可讓太陽熱能透過率較低，減少太陽熱能進入室內，節省空調冷氣費用。

在冬季，Low-E玻璃對室內暖氣、家電及人體等室內物體所散發的遠紅外熱幅射，像一面熱反射鏡一樣，將大部分幅射反射回室內，保證室內熱量不向室外散失，能有效降低暖氣耗能，從而節省空調暖氣費用。

在阻擋熱幅射線的同時，Low-E玻璃亦不妨礙可視光線進入室內，使室內自然採光良好，保持充足的亮度。Low-E玻璃必須以複層玻璃方式組成，才能達到節省居家照明使用電費的目的。

(二)Low-E玻璃的結構說明

◆複層玻璃

複層玻璃是指兩片清玻璃或有色玻璃，四周以鋁條隔開組合，形成中空之空氣層，再以結構Silicon矽膠封邊而成。

◆鍍膜層

台灣屬於亞熱帶氣候，鍍膜層安裝於建築物外側往內數的第2面，可反射大多數紫外線與紅外線，隔熱效果最佳。同時，由於鍍膜後顏色趨近玻璃原色，具有良好的透光性，讓可視光進入室內，享有良好的採

光，又不會感到炎熱。冬天時也可避免室內熱能流失，達到節能的目的。

◆空氣層

兩片玻璃間夾有乾燥不對流的空氣層，減少熱的傳導管道。此外也可於其中充裝惰性氣體（氬氣／氪氣），可更進一步降低氣體的熱傳導能力。

第七節　餐飲與客房部門比率的規劃

旅館在規劃時會考慮到餐飲部門與客房部門的營收比率，都會精華區餐飲的收入可以比較高，而風景區可能就不容易提高，客房區單位面積的成本可能會比較低，維護費用也會比較低，如果住房率能夠維持在80%，投資報酬率是會比較高的。

旅館的餐飲營收與客房的營收比有些是30%：70%，有些是40%：60%，有些是50%：50%，有些甚至是60%：40%，市中心的旅館可以加強餐飲的規劃，所以餐飲的設計非常重要，各式餐廳及宴會廳都是吸引客人的好方法，尤其是在交通要道的旅館餐廳，可以做到早餐、中餐、下午茶、晚餐及消夜，營業額可以非常可觀，近年許多旅館餐廳也會利用旅展來打折促銷餐券以提升營業額。

客房的總數量中，依營業計畫來分配單人房、雙人房、套房等之比率，都市型的旅館，單人房比較多，別墅型旅館以雙人房或家庭房為主，而商業型旅館單人房的比率約佔70～80%。有關旅館的計畫是依照經營者的需求做協調，以客房部門與其他部門的比率為基準，來企劃各種類型的旅館，有些旅館會在營業一段時間後再檢討房型的需求，然後再做調整。

第八節 設計師

一、設計師的選擇

設計師的選定是非常重要的，旅館有都市型、商務型、精品型等不同的形態，規模的大小也有差別，有的大到800個房間以上（如君悅酒店），有的小至50個房間不到。因此必須仰賴專業的設計師，依上述的旅館型態及旅館規模作適當的建議。而一般國際觀光旅館會結合建築師、結構技師、廚房設計師、照明設計師、室內設計師、電機技師、資訊工程、工程監造專家、景觀設計、視覺設計師，特別是室內設計及廚房設計是不同領域的專業能力。像這樣整合多種不同的設計專家來興建完成旅館是建築師的工作。設計者的選定基本上大多由建築師來推薦，特別是室內設計及廚房設計對旅館整體的營運方向有很大的影響，所以選擇建築師時必須要同時檢討。通常一個大型旅館從設計到完工、營業，可能會超過四年以上，設計的版本也會不斷地改變，甚至設計師也會更換，當然工期也會不斷地延展，簡單地說修改所造成之費用可能會是一筆可觀的經費，有些業主會幽默地稱此費用為「繳學費」。

二、設計監理報酬

(一)建築總工程經費百分比

建築設計費以建築總工程經費的百分比來計算。例如旅館的總工程經費是50億，設計監理費為2%，則其費用就是1億。有些名設計師的報酬比例會更高，可能其效果也會是世界知名的（常會被相關雜誌所介紹），慕名而來朝聖的客人，可能絡繹不絕。

(二)特殊費用

對計畫的內容及提升技術水準而常駐監造者的費用，或申請特殊許可所用的技術實驗之費用，或超出一般業務內容所需要量的作業，皆應在事前作充分的準備或調查，而計算在必要的設計費用上。上述的這些特殊費用明細舉例如下：

1.現場常駐監造者之費用。
2.環境評估費。
3.建築公會認定的費用。
4.特殊實驗報告調查費（如門窗的風雨試驗）。
5.開發許可申請關係費。
6.額外的模型製作費（3D列印）、透視圖（3D立體圖）製作費。
7.建築資訊模型（Building Information Modeling, BIM）製作費（事先用電腦軟體模擬出管路、器具可能會有衝突的地方，做必要的改善，以及附註說明設備需要注意的地方，已備日後的查詢），日後如有變更的工程，也可在相關軟體資料上備註更新，並可繼續傳承下去，保持建築物的相關資料完整。
8.現在VR／動畫／360°全景／3D效果圖的軟體已經非常方便，傳統設計圖紙局限在平面空間，客戶大都看不懂，難以完整眞實呈現，用VR（Virtual Reality）虛擬實境看屋系統，眞實尺寸大小的家居模型，VR中的商品模型全部都是現實生活比例的模型，在VR中你可以上下左右360度無限制地去觀察模型表面材料、紋理、顏色等，甚至光線的變化，客戶可以很直觀地看到VR場景中的效果並調整方案，增強用戶的參與感，提高了與客戶的溝通效率，也讓業主很快地瞭解設計的效果，避免拆掉重做的浪費。

Chapter 4

旅館周圍及樓層計畫

- 周圍外界計畫
- 旅館藝術品
- 消防與樓層計畫
- 電梯設備計畫
- 停車場設計

第一節　周圍外界計畫

旅館的周圍整體計畫，依照旅館的基地及規模性質、計畫的方法會有很大的區別，如高密度的精華地區，在有限的基地上，要如何計畫才能滿足旅館的複雜動線，又能擁有高格調的旅館四周。如果基地比較完整，也要考慮到附近區域的整體發展，以及配合都市發展局的都市計畫，維護都市的空間品質，防止毫無遠見的不適當開發，例如：在主要幹道上的大型旅館會被政府要求不得在幹道上下客人，以免造成交通堵塞等。

旅館的周遭設施有造景、裝置藝術、旗杆等，以及上項設施必要的設備、道具等收藏空間，旗杆的大小與位置要依照旅館佔地面積與方位來決定，旗繩子與轉輪必須堅固耐用而且無聲，否則風大的時候會發出噪音，至於要升什麼旗幟則有一定的規則。另外，規劃良好的庭園，配合各公共地區及客房，提升旅館的等級，也是決定旅館格調的要素，必要時認養人行道或道路的中央分隔島來配合旅館整體造景，當然這些是要與政府訂定合約與提出相關費用。申請《都市更新建築容積獎勵辦法》，也有影響建築空間格局的可能，地區的開放空間規劃，可以更親民，例如：規劃成音樂LED燈光噴泉，也能吸引遊客；旅館的外牆也可趕上潮流，設計成夜間可以有LED可變化的燈光秀，年節或慶典時可有祝賀的字幕或打上廣告圖案等。

第二節　旅館藝術品

旅館的建築物裝潢完成後，各種營運生財器具、設備等完成後，需要各種藝術品點綴，例如：雕刻、油畫、國畫、版畫、瓷器等物品以及各種解說，說明卡上也可以有QR code（Quick Response Code）讓客人可以用手機掃描，連結網路得到詳細說明。有些藝術品會考慮到主題，譬如：南洋風、哪一個朝代、不同的藝術大師等。有些藝術品甚至還會增值呢！

藝術品的擺設需要專門的人員才能發揮功效，但要注意防竊，或被客人觸碰而損壞，更要防止因爲地震而損壞。

各種藝術品必須做妥善保存並做財產登記列冊，定期清點，使用條碼或稱條形碼（barcode）可以使清點工作更快速。

第三節　消防與樓層計畫

一、消防計畫

從火災的發現，初期的滅火，如何引導客人到避難場所等，在救災上必須正確地執行，依照廣播指示客人避難。因爲常會有誤報，在機器的使用上，員工須對火警總機的運作要有全盤的瞭解。

二、防災中心

依據《建築技術規則建築設計施工編》第259條規定，高層建築（係指高度在五十公尺或樓層在十六層以上之建築物）應依相關規定設置防災中心（《各類場所消防安全設備設置標準》第238條），該中心就像人的大腦一樣，可以控制建築物內部的主要設備以及消防救災、人員逃生的功能。

防災中心樓地板面積應在$40m^2$以上，並依下列規定設置：

1.防災中心之位置，依下列規定：

(1)設於消防人員自外面容易進出之位置。

(2)設於便於通達緊急升降機間及特別安全梯處。

(3)出入口至屋外任一出入口之步行距離在30m以下。

2.防災中心之構造，依下列規定：

(1)冷暖、換氣等空調系統爲專用（緊急電源）。

(2)防災監控系統相關設備以地腳螺栓或其他堅固方法予以固定。

(3)防災中心內設有供操作人員睡眠、休息區域時，該部分以防火區劃間隔。

3.防災中心應設置防災監控系統綜合操作裝置，以監控或操作下列消防安全設備：

(1)火警自動警報設備之受信總機。

(2)瓦斯漏氣火警自動警報設備之受信總機。

(3)緊急廣播設備之擴音機及操作裝置。

(4)連接送水管之加壓送水裝置及與其送水口處之通話聯絡（含採水泵）。

(5)緊急發電機。

(6)常開式防火門之偵煙型探測器。

(7)室內消防栓、自動撒水、泡沫及水霧等滅火設備加壓送水裝置。

(8)乾粉、二氧化碳、FM-200等滅火設備。

(9)排煙設備。

第四節 電梯設備計畫

一、電梯的數量

依照《觀光旅館建築及設備標準》，自營業樓層之最下層算起四層樓以上的建築物，應設置客用電梯至客房樓層，其數量應當照**表4-1**規定。

表4-1 觀光旅館電梯設置標準表

國際觀光旅館			一般觀光旅館		
客房間數	客用升降機座數	每座容量	客房間數	客用升降機座數	每座容量
80間以下	二座	八人	80間以下	二座	八人
81至150間	二座	十二人	81至150間	二座	十人
151至250間	三座	十二人	151至250間	三座	十人
251至375間	四座	十二人	251至375間	四座	十人
376至500間	五座	十二人	376至500間	五座	十人
501至625間	六座	十二人	501至625間	六座	十人
626-750間	七座	十二人	626間以上	每增200間增設一座，不足200間以200間計算	十人
751-900間	八座	十二人			
901間以上	每增200間增設一座，不足200間以200間計算	十二人			

觀光旅館客房80間以上者應設工作專用升降機，其載重量不得少於450 kg。

客房200間以下者至少一座，201間以上者，每增加200間加一座，不足200間者以200間計算。如採用較小或較大容量者，其電梯數可依照比例增減之。

一般觀光旅館客房80間以上者應設工作專用升降機，其載重量不得少於450 kg。

國際觀光旅館客房200間以下者至少一座，201間以上者，每增加200間加一座，不足200間者以200間計算。如採用較小或較大容量者，其電梯數可依照比例增減之。

二、電梯的種類

依照旅館的行銷方向、房間數量、容納人數、樓層數量、餐飲場所、宴會場所、停車場等立體組合，來決定電梯的位置及動線。一般都市型的旅館電梯利用率在傍晚時分爲最高峰，餐飲及房客進出混雜在一起。而商務型的旅館在早上的利用率爲最高，約在30分鐘內旅館內80至90%的房客陸續進出餐廳及大廳。

依照用途可將電梯分爲下列兩種：

(一)客用電梯

有的旅館還分爲客房用的與餐飲用，爲的是提高或加強客人的安全感。

(二)消防緊急用電梯（通常是服務用電梯）

這種電梯一般稱爲「消防專用電梯」。在法規上有規定，凡是在避難樓層四層樓以上的均必須設置。這種電梯的設定標準如下：

1.有火災的安全對策處理。
2.有排煙的安全對策處理。
3.停電時有緊急電源可以運轉。
4.附近有相關聯的消防設備。

5.有獨立的排煙系統。

每台電梯內都有二個類似鑰匙開的圓孔，上面有寫著一次消防／二次消防。

消防人員使用特別製造的鎖匙，當插進去鎖匙開關裏，而轉到一次消防那邊時，電梯就只能被消防人員所使用，其他樓層的電梯開關會全部失靈，而二次消防則較少使用，當鎖匙轉到二次消防時，即使電梯門沒有關，電梯也能夠照常上下樓層，如果門故障時也可使用就對了。

一般旅館這種緊急電梯均設在後場區域，平常亦可讓一般的員工利用作服務性的電梯。它有較寬廣的門扉，通常表面處理及內部須保持乾淨，並符合消防安全的規定。

三、設置電梯及電扶梯的要點

(一)設置電梯要點

1.集中在一個地方設置，以求負載容量的均等化。

2.應當平均、平衡地疏散客人，以求設置適切的電梯台數。

3.客用及服務用電梯的台數，除了法規有規定之外，要以計算公式及實際案例的勘察酌量而計算之。依照統計得知，客用：客房數目在100至200間爲一台。服務用：客房間200爲一台，300～400間爲二台。但小規模商業型旅館，也有客用及服務用兼併一起的案例。

4.電梯頭頂部高度及坑底部深度，機械室的天花板高度，依電梯的速度不同而要有所不同，近年也有許多無機房電梯的設計。

5.升降時避免鄰接客房或宴會場所，必須考慮隔音的處理。

6.客房服務用、布巾用、消防用之電梯希望能夠分開。注意餐車、布巾車等操作範圍尺寸，以及大型物料、床鋪、地毯等更換時的搬運。

7.旅館裏如果有大宴會廳的話，設置宴會廳專用的電梯及手扶梯，可以提升服務品質及效率。

8.客用電梯、貨梯、電扶梯有紅外線保護、火警歸位、車廂電源、音樂、閉路電視、通話器、樓層指示、運行狀況顯示、門禁卡控制、節能控制。

9.營建署表示，自2014年7月1日起申請建造執造、室內裝修或變更使用執造之案件，如檢討涉及升降機道、管道間之維修門、進入室內安全梯之防火門之規定，適用遮煙性能規定（電梯口遮煙捲簾）。

(二)設置手扶梯要點

1.設置在大廳的樓層，一般均計算連同宴會廳客人的疏散。有w=800型「5000人／時」的，以及w=1200型「9000人／時」等。有不同的疏散能力。

2.電扶梯的安裝位置、動線，原則在入口及電梯的中間位置。

3.各樓層電扶梯的乘座位置必須考量乘客的流通及動線。

4.樓高超過5.0米至5.7米的情況時，必須要有中間支持的梁柱。

5.自動扶梯配備有變頻運轉功能，扶梯可通過設置在踏板床蓋板入口處的光電感應裝置，自動感知乘客的到來，開始全速運轉，此種扶梯約可節省電力30%。

(三)電梯機能配備

電梯機能配備隨著科技的進步，電梯內外的配備及功能都有大幅度的改變與進步，採用永久磁石捲揚機具有節能、環保、低噪音及安全等優點。

電梯功能及配備詳述如下：

1.自動通過裝置：也就是車廂載重超過80%時，中間樓層叫車不停，僅車廂內的叫車才有效。

2.專人操作：車廂內要有專人操作運轉的裝置。通常是有很重要客人如政府官員等來訪時安全人員在用的。

3.到樓預報電子音響：車廂到樓前，車廂上下裝有電子音響設備。

4.車廂門雙側有紅外線安全門檔：若碰到乘客或物體時，門會立刻反轉開啓，以避免夾到人或物體。

5.空轉時限：當馬達空轉達20秒以上時，電源會自動切掉。

6.車廂電扇自動停止：在無人叫車一段時間（約5分鐘），就會自動停止電扇的運轉（省電）。

7.自動應急處理：當電梯異常無法應答乘場的呼叫時，系統會指派同群之其他電梯前往服務。

8.調整開門時限：依照叫車情況，各樓層之開門時間自動調整長短，以提升交通效率。

9.緊急照明：在停電時，車廂內附有緊急照明的設備，可達30分鐘以上。

10.地震管制運轉：車廂在運轉時，若地震發生，設置於機房的感知器會檢驗出信號，電梯就會於最近的電梯樓層停止，讓乘客離開，確保安全。

11.緊急停止開關：若電梯運轉時，碰到緊急狀況，按車廂操作盤上的紅色按鈕，車廂即可停止，但不開門。

12.消防人員運轉：火災時，由消防人員操作之運轉方式。

13.火災回歸運轉：火災時，按此按鈕後，所有的叫車全部取消，車廂運轉至最近樓層停止後，再反轉至避難樓讓乘客離開後，開門待機。

14.電梯井道隔音減震：目前國內的大多數品牌電梯噪音都能控制於60～75分貝以內，可以滿足國家標準要求。受噪音影響的電梯也包括了目前市場主流的「調頻調壓型電梯」、「無機房電梯」及目前噪音最小的「永磁同步電梯」。通過採取適當的減振、隔聲、降噪措施，通過遮減設計降低及阻隔了電梯的低頻振動影響，可以使室內電梯噪聲A聲級值在35dB以下。客房與電梯緊鄰時必須採取有效的隔聲和減振措施，這主要是爲了降低電梯運轉時的噪聲和振動。

15.客梯入口控制與客用鑰匙卡系統介面：電梯車廂內都配有雙邊控制選擇按鈕、紅外線防夾門保護裝置、消防火警回層、車廂空調、背景音樂及緊急廣播、監控攝影、蓄電池緊急照明、不小於四方通訊對話（包括消防控制中心、電話話務員室、電梯車廂、電梯機房）、樓層及運行狀況顯示、有效客房電子門鎖卡能達到樓層控制、節能等功能。客梯車廂內控制台必須有盲人點字按鈕及無障礙使用要求。每台客用電梯必須有兩個控制板在電梯門的兩邊，每個控制板帶1個客房電子卡讀卡器。電子門鎖建議使用感應讀卡器。

16.要求請專業電梯顧問來對旅館整體電梯配置進行設計，及進行負荷流量計算與滿足客梯等候時間不超過40秒，5分鐘運載能力不小於10%（按住客率100%，平均每間客房1.5個客人）。30樓至40樓建築物的電梯速度應有240m/min以上。

17.電梯設備保養：電梯設備一般都是全責包給原廠電梯公司做維護保養，而旅館工程人員要被訓練可以解救被困電梯的人員。

18.於2019年開始有電梯連網技術、推動雲端監控數據服務，更創新整合電梯AI人臉辨識技術，提升電梯使用便捷度，凸顯電梯不只求快速，更講求智慧，爲電梯帶來全新思考電梯智能化電梯。

19.爲了加強手機訊號在車廂內也能通話，可請相關電信公司在電梯井道上方加強波器，便能改善手機訊號不良情況。

第五節　停車場設計

一、停車場設計的要件

1.出入動線規劃要避免混亂而發生交通意外，機車道與汽車道要分離。

2.車道照明要足夠（發光效率應達120lm／W以上）（經濟部能源局規定）（最好要有紅外線自動感應）。

3.車道高度至少2.1m以上，坡度要平順。

4.要有卸貨平台（約1.1m～1.2m）。

5.出入口要有防水閘門或防水擋板。

6.車道出入口要有安全捲門、截水溝以及限高桿、限高架，防止車輛超高發生撞擊。

7.告示牌（停車管制燈箱）。

8.要有防火區劃（安全防火捲門）及泡沫滅火系統。

9.車擋（固定停車位專用）。

10.通風、換氣設備（以符合消防法規）。

11.避難逃生方向指示燈，警鈴、警報。

12.CCTV監視系統。

13.CO一氧化碳偵測器（整合警報及自動送風、排風機），訊號可傳至中央監控電腦。

14.柱子防撞保護器。

15.緊急廣播。

16.電腦化管理收費、控制、管理。

17.無障礙車位（靠近無障礙升降機）（**圖4-1**）。

圖4-1　無障礙車位告示牌

二、停車場管理

停車場的管理非常重要，照明要能自動感應照明，不論是人或車輛經過時照明燈都會亮，除了節能省電也可防止宵小。現在的停車場多半不設置垃圾桶，以防止有人將家庭垃圾拿來丟棄。大型停車場在轉角處要設警急呼救按鈕，使人有安全感。依據《菸害防治法》規定停車場是全面禁菸，可以在適當位置張貼禁菸標誌，提醒客人。停車場需要派人定期巡邏與清潔管理，以及有足夠的CCTV閉路電視監視錄影，必要時可以提出佐證。

三、智慧停車場

1.在旅館入口會有戶外停車位LED燈箱告知還多少停車位（**圖4-2**），進入停車場前會有車牌辨識系統攝影機（**圖4-3**）。

2.柵欄機打開後有LED燈箱會顯示車牌號碼，車位導引系統會在車

圖4-2　停車位LED燈箱示

圖4-3　車牌辨識攝影機車號顯示

道適當位置指示車行方向，並顯示有幾個停車位（**圖4-4**）。

3.車位導引系統會顯示有何處有停車位，在空車位前會顯示綠色指示燈（該燈兩側附有小鏡頭正對停車位，並有車牌辨識功能，而且連結車位顯示電腦，當有車停時，車牌被辨識出車號後，判定有車，便將綠燈改爲紅色，代表車位已有車子停）（**圖4-5**），無障礙車位則爲藍色燈號，沿途的LED照明會自動點亮，停好車位後車位指示燈會變爲紅色（車位燈箱會自動減少一個空車位）。沿途的LED照明在經過一段時間（約20～30秒）後會慢慢變暗，然後熄滅，達到省電模式（經濟部能源局要求停車場照明燈具發

圖4-4　尚有停車位指示

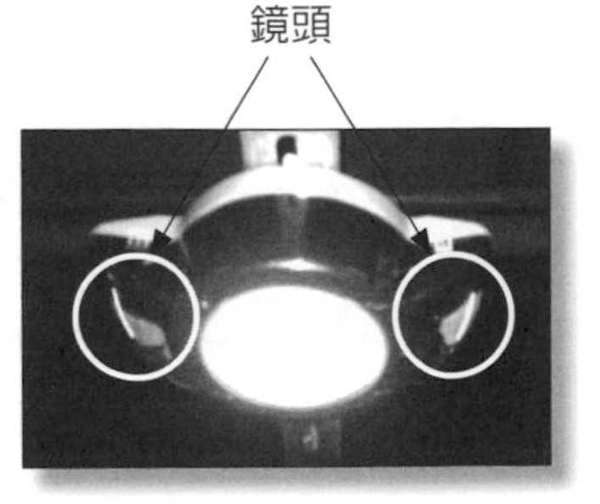

圖4-5　車位指示燈

光效率應達120 lm / W以上）。

4.在停車電梯空間前會有尋車查詢機（**圖4-6**），方便客人查詢停車位置。只要輸入車號就會告知如何走到停車位，客人在車牌自助繳費機（**圖4-7**）小螢幕上輸入車牌號碼，自動計算並顯示停車費用，依照金額繳費後，在15分鐘內開車至出口（車位指示燈箱則會自動增加一個空車位），在出口柵欄前經車牌辨識系統攝影機確認後，柵欄機打開，車輛駛出。如果是月租或VIP車位，在柵欄前經車牌辨識系統攝影機確認後，柵欄機打開完成動作。如此智慧停車場，不需人員操作，不需代幣，不用紙張，環保又省電。

5.車牌辨識系統：智慧停車場用，協助尋找車輛，有預防偷車、一卡（票）多車、隔夜車、票卡遺失等防弊功能，甚至可以與治安單位合作，對於失竊車輛或問題車牌，提出警示。

6.電動汽車充電柱：最近電動汽車越來越普及化，停車場安裝充電柱也變成是一種需要。

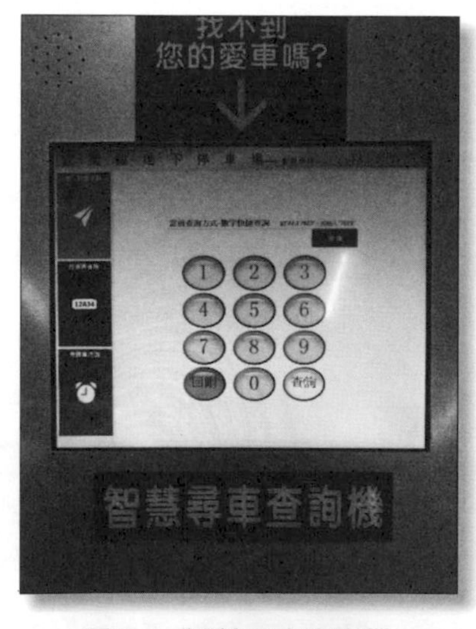

圖4-6　智慧尋車查詢機

圖4-7　車牌自助繳費機

Chapter 5

旅館內部基本設計

- 給水、排水設備
- 鍋爐設備
- 空調系統
- 消防系統
- 電腦機房規範
- **Wi-Fi**無線網路
- 智慧建築網路

第一節　給水、排水設備

一、給水系統設計

(一)給水

大樓給水系統之設計也應以節約用水爲優先考慮，當然應採用分段供應；水壓太高則應加減壓閥，至於頂樓或特殊供水區，因水壓之不足，應增設加壓泵，而加壓泵則應考慮用變頻無段式加壓水泵，如此比較省電。自來水錶的供水位置大多在一樓的地面，該水錶的位置最好能高於地面 並加防銹箱蓋，以利抄錶或將來之更換，自來公司現在已有數位型水錶，此水錶的資料也可以同步分享給旅館的工程部，以便做到能源的電腦化管理，從電腦上便很容易知道耗水量。有些旅館會在水錶附近另做一段備用水管，以備萬一限水或停水時，可以雇用水車來送水，以度過難關。

(二)蓄水池

蓄水池的設計一般都在地下室，其蓄水量最好能提供旅館一日的耗水量，以保證在自來水公司停水時，或枯水期限制供水時，能有充裕之儲水，不致於「停業」，要知道一旦停水，不但餐飲受影響，客人無法沐浴，而冷氣也無法正常運作，其影響之大無法估計。蓄水池入口有自來水定水位閥，當水池達到高水位時，主閥可分別由控制浮球閥（Float Control Valve）及高度嚮導閥（Altitude Pilot Valve）傳訊關閉之，使水池不致溢流。

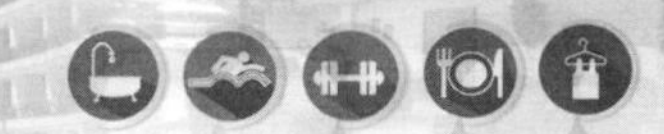

◆**注意事項**

在浮球閥的1/2吋嚮導閥中間要加裝Y型過濾器（每年至少要清潔一次）。

蓄水池最好能有兩座，以利日後的保養，蓄水池的入口及出口，最好能分開遠一點，以利水流動，保持活水，如果進水及出水都在同一側，則水池較遠處的水則會滯流在原位，蓄水池的入口的附近最好能隔一小堰做沉沙作用，因爲自來水會夾帶一些沙子進來，蓄水池的內部做一小堰能讓沙子沉澱，以利保養。

(三)反洗過濾器

理論上自來水是很乾淨的，但常因施工或颱風過後自來水管內會混入砂石等雜質，進而會使定水位閥故障，造成溢水等損失，如果加裝全自動反洗過濾器可以將這些雜質過濾反洗排出，避免發生意外。全自動反洗過濾器可以安裝在水平流動的鋼管、銅管或塑膠管內，流向不拘（注意內嵌的流動方向標示），垂直安裝僅限於無法採用水平安裝之處。若採用垂直安裝方式，累積在彎管處的粗顆粒砂礫會無法像水平安裝一樣順利沖掉；要定期清潔反洗過濾器排放口，將雜物清除。

蓄水池內部的高度最好能有2m以上，以利人員進入清洗保養，台北市就有一些建築物的蓄水池內高度不足一人高，在洗水池時要彎腰駝背來工作，非常辛苦，甚至可說是「欠考慮」之設計；而底部應有少許傾斜，以利將髒水完全迅速排出。

近年來有許多採用玻璃纖維強化塑膠（Fiber-Reinforced Plastic, FRP）的蓄水池，施工方便而且重量較輕。

(四)保養設計

屋頂水塔或中間樓層供水箱的設計，也應考慮各有兩座，以利日後的保養。如果因爲平面空間的不足，無法做到平行並聯，則可以考慮做上下重疊式，讓水先流至上水櫃再流到下水櫃，做保養時可以利用水閥來做切換，不論屋頂水塔或中間樓層供水箱，都應做低水位及高水位警報。其周圍也應做適當的防堵及排水設施以防機械故障時造成溢水，或是因地震時水被「搖晃」出來之水害。在水櫃外的周圍防堵的區域也要加裝漏水警報以便多一層保護。

(五)消防供水

當蓄水池、屋頂水塔及中間供水箱同時當作消防泵供水時，必須考慮最低儲水量要能夠符合消防法規的消防供水量，而游泳池的水也可以考慮作爲消防用的備用水池，以上的水池內都應該貼瓷磚，既衛生又容易保養。

(六)給水管路防銹

給水系統管路之設計，應以良好的防銹作爲考量，有以鋼管內襯塑膠管者，也有以銅管爲設計者，近來大多以不銹鋼管來施工，其管路之配件，如各種閥類、過濾器，甚至水泵，都必須是不銹鋼的，否則還是很容易生銹。至於鍍鋅鐵管，初期是可以防銹，但是使用數年之後則很容易生銹，尤其是在熱水系統，使用1～2年之後就有生銹破洞的例子。至於P.V.C（Polyvinyl Chloride，聚氯乙烯）塑膠管雖然不生銹，但其年久後易變質，其抗壓、耐震性較差，尤其在地震或易生水錘現象的地方，容易造成破裂的現象。至於壓接式不銹鋼管要注意應採用附鎖扣式鋼環比較不易鬆脫，而一般的不銹鋼壓接配件僅有橡膠圈者較易鬆脫而造成漏水事件。雙卡壓式連接管件，管端較單卡壓式連接管件長，兩端均可用卡鉗壓接實現面性固定，壓縮成兩個六角形，全面緊箍，從而提高了其抗拉拔能力和抗旋轉能力。所以在配管零件上一定要考慮周到，以免日後出了問題再來補救，將後悔莫及。

(七)給水衛生

受水槽、蓄水池、頂樓水塔或中間樓層水箱的人孔蓋及鐵爬梯，應採用不銹鋼的，連固定的螺栓或釘子都應採用不銹鋼的材料，因為這些也是自來水公司人員定期檢查的項目之一；如果這些東西生銹也是會被列為缺點的，這些水櫃的透氣管，也是不銹鋼的，做成向下彎頭並加防蟲不銹鋼網，以防蚊蟲、老鼠的進入。前面所提的人孔蓋底座要做凸緣高出水櫃頂部，並能上鎖以防止污染。在人孔蓋附近也應設計電源插座，並附漏電斷路，以便在保養清潔水櫃時，能夠接照明及通風設備，並顧慮到人員的安全。

(八)給水壓力平衡

在供水支管轉彎的最頂端最好加裝自動釋氣閥，以便將管內的空氣排出。在管路供給客房浴室的冷熱水管管道內最好加裝小型水錘吸收器，使水龍頭關閉時，不致產生水錘噪音，影響到隔壁房間安靜。在供給房間的冷熱水不但要加逆上閥，還要有減壓閥使壓力相當，以防冷熱水逆流，在選用定溫式蓮蓬頭時也要考慮該蓮蓬頭是否有壓力及水溫平衡式的功能，以免當一個房間客人正在使用蓮蓬頭時，另外一間房客人也同時用蓮蓬頭，因而造成淋浴的供水忽冷忽熱，甚至於有燙傷事件的發生。

(九)節約用水

在選用各種水龍頭及衛浴設備，應考慮具有省水功能，但又不影響服務的舒適感，例如馬桶的選用除了有靜音功能外，亦能有分出「大號」或「小號」的押水器，因為用「大號」的沖水量是與用「小號」的沖水量不同的。至於蓮蓬頭也應選用具有省水的功能，以免日後再加裝省水限流器又要花一筆經費。在公共區域的廁所洗手抬之水龍頭就可以選用紅外線自動感應水龍頭（不須用手接觸），不但符合衛生而且又省水。小便斗選用自動紅外線感應沖水器更是時代的趨勢，甚至也採用自動感應式免治馬桶。

(十)安裝水錶

在能源管理上各區應該有分錶，例如客房區、各餐廳廚房區、洗衣房、游泳池、健身房、空調冷卻塔用水、員工浴室，甚至外租的商店、美容理髮店都應分裝水錶，並且有信號輸出至電腦作統一管理，這些冷水及熱水錶應該事前就規劃好，以免日後不易安裝。

二、熱水系統

(一)避免紅銹水

熱水管路應全部用防銹耐溫材料，以免產生電位差腐蝕。熱水鍋爐有用油來燃燒加熱者，亦有用瓦斯燃燒加熱；但這些鍋爐大多為鐵質製品，易產生紅銹水，以致壽命不長，而用蒸汽作熱交換或用熱媒油來作間接加熱者，在熱水儲存筒最好能用不銹鋼材料製。如果用普通鋼板作材料，則很容易產生紅銹水，如果平時添加化學藥品，如紅銹水抑制劑、磷酸鹽等，不但增加成本，而在保養水櫃或停水狀況發生過後，也會產生紅銹水狀況。雖然有些旅館採用所謂內襯銅皮而外用普通鋼板，此種情況仍會產生電位差腐蝕，銅皮焊接部分會漏，使水進入銅皮與鋼板之間，在供水有擾動情形下，也會產生紅銹水，這是事前先應考慮到的。

(二)熱水管的保溫

熱水系統必須要有管路循環水泵來保持熱水的流動，使水溫保持定溫，不會發生要使用時排放很久才會有熱水的情況，附帶熱交換的熱水儲存筒是屬於壓力容器，必須要有安全閥，在製造時就要申請檢查，而且每年還要接受政府的壓力容器定期檢驗，而在熱水筒外面有打號碼的地方及有鋼印的地方，所做的保溫必須單獨做一檢查孔蓋以利年度檢查，至於筒身的保溫應用耐久的材料，不可使用石棉或玻璃棉，這些是不環保的材料，最好是採用模型隆等，效果好又耐用。

(三)熱水溫度

熱水儲存筒，除了應該裝溫度計以便判斷溫度是否正常外，也應有溫度信號輸出至電腦，作電腦監測用。熱水溫度通常設定溫度爲60℃，夏天可降低至55℃以節約能源。另外也應該裝設高水溫（65℃）及低水溫（50℃）警報，以便先期知道水溫是否正常，並做適當處理，以免客人抱怨。此外熱水儲存筒附近也應設置水龍頭及電源，以便做年度保養時有水源及電源接高壓清洗槍來用。此外該熱水儲存筒的排水閥也應採用不銹鋼球塞型考克（cock）。如果採用閘閥則易有雜物卡住，而造成關不密而漏水情況。

(四)熱泵熱水系統

熱水系統最好能結合空調主機熱回收系統作爲熱水的預熱，甚至在夏天負載高時做全部加熱用的熱源。新式的空調機有些機種附有熱回收加熱系統，這對於節約能源會有很大的功效，所以在做熱水系統之設計時最好能考慮及此點。這幾年政府也大力推廣氣源式熱泵或水源式雙效熱泵熱水系統，也有相關獎勵辦法，所以業者也願意安裝。

三、排水及污水系統

良好的排水及污水系統是非常重要的，不但要符合環保也要能節約能源，也要能防範意外發生。

(一)排水及污水分類

排水系統應改變傳統方式來規劃，應以環保的著眼點來設計，分爲可回收水及不可回收水兩大系統。

◆可回收水

可回收水係指雨水、冷卻水塔排水、游泳池及三溫暖排水、空調箱及冷風機之冷凝水。這些水比較乾淨，只要作簡單處理便很容易回收。雨水、冷卻水塔排水、游泳池及三溫暖排水，可以作爲沖廁用水，而冷凝收集水，水質比較好，將之回收以提供空調冷卻水來用較佳。洗臉洗澡排水將之回收，再稍加處理便可作沖廁或園藝用水，此乃中水回收系統，可以推廣。

◆不可回收之水

不可回收之水係指污水、廚房排水、洗衣房排水等，這些水如果來自二樓以上，而大樓又有直接衛生下水道者，則可以直接排出，不需要將之排到地下室的污水池或廢水池再用泵打出，如此可以節省用電及節省空間，如果大樓無法接衛生下水道，則需另外設置廢水處理設備。

(二)排水及污水之處理

◆廚房排水處理

廚房排水因爲含有油脂，尤其是中餐廚房其排水含油量較高，所以

一定要用截油槽，但傳統截油槽的構造比較簡單，內部僅有數層隔板，其截油效果有限，應該採用油水分離機效果較好。另外在管路適當的轉角要設清掃口，以利清潔。近年來有些公司以生物菌劑加入排水管中，但其效果有限而且成本頗高，故採用者不多。

◆洗衣房排水處理

洗衣房的排水含有棉絮，所以排水系統必須加過濾籃，可以將棉絮濾除，洗衣房排水收集池之排水泵，最好採用附絞刀型葉輪，並且在卡住異物時能夠反轉。葉輪應採用優質不銹鋼製品。排水出口的管路盡量減少彎頭及在適當處加設清掃口，也可加設消防水龍帶接頭，利用消防水壓定期沖洗管路，防止因鹼性洗衣劑形成的皀化現象，造成管路堵塞。

◆廢水處理設備

廢水處理設備是很佔空間的一種設施，如果能夠做在筏基內就會比較節省空間，但保養就比較費事，採用生物處理法在維護成本上比較低；廢水處理會有臭味的問題，要注意將臭氣排出。

◆良好的設計勝於爾後浪費的故障修理

各種廢水池、污水池排水泵的控制，最好不要採用浮球開關，此種開關通常容易被異物或浮油塊卡住，以致故障率頗高，應採用電極棒式的水位開關，並加隔離套管，將油及異物隔開，比較不易故障。池內應加高水位警報器，並能有信號輸出至電腦傳呼系統以及監視系統，能即時地反應處理，以免造成污、廢水池滿溢的情況。另外此類水池最好能設置一台備用小型排水泵，當產生高水位時，能將水抽出或抽至別的池，而此系統最好能用不同來源的緊急電源，以免總電源因漏電跳脫等故障能有多一層保護。另外在泵的出口管路上最好也能設計一個2.5吋消防水管接頭，定期以高壓的消防水來沖洗，以免管路堵塞（以上所提都是過去的慘痛經驗，希望能夠一開始就能有相關設計）。

◆**水位高低檢查**

污水池及廢水池的高低水位警報大約每季要檢查一次，以免故障，污水泵及廢水泵每半年要測試運轉電流以及絕緣阻抗值做紀錄，並與前次做比較，提早發現故障而修理，避免溢水意外。

(三)雨水回收

建築物雨水或生活雜排水回收再利用，是指將雨水或生活雜排水收集、過濾、再利用之設計，其適用範圍為總樓地板面積達三萬**M^2**以上之新建建築物。依據《建築技術規則設計施工編》部分條文修正規定，處理後之用水必須為不與人體直接接觸之用水，如庭園用澆灌水（非洗手或洗澡水）。

(四)雨水回收系統

設備內容包括：落葉分離器、雨水泵、鼓風機、雨水收集池、雨水淨水池、液位控制器、電磁閥、雜質過濾器、UV紫外線殺菌器、袋式除泥器、手動閥、電磁閥、溢流排放器、散氣盤、淨水池揚水泵。

(五)雨水回收過濾設備

雨水回收系統必須做過濾沉澱、殺菌、再利用的處理，以達到節約用水的效果。雨水回收過濾設備處理流程請參考**圖5-1**。

四、通氣系統

通氣系統將污水管裡的氣體排出，保持排水管內的大氣壓力。如果管內不保持大氣壓力，存水彎裡的水會因虹吸作用而被汲盡，結果使得惡臭氣進入屋內。而且不適當的通氣系統也會使排水管線阻塞。污水管氣體會在排水管中產生足夠的壓力，突破存水彎的水封（water seal），

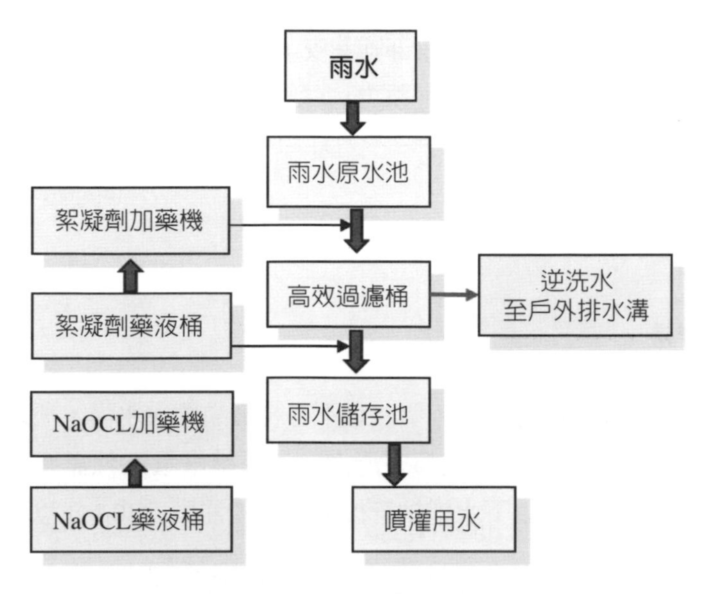

圖5-1　雨水回收過濾處理流程

經排水口進入屋內。通氣系統則可使污水管氣體從屋頂逸出，以防產生這種壓力。

一切衛生設備必須要有通氣。每個裝置可有自己的通氣管或可經副通氣管系統和主氣管相連。

污水透氣管在屋頂的位置必須要注意在下風的位置，否則臭氣會亂飄至有人的地方。另外在地下室的污水池的蓋子一定要採用完全氣密型的，否則臭氣會亂竄至有客人的地方。有些污水池的蓋子號稱是氣密型，但實際上是會漏氣的，檢查污水池的蓋子是否漏氣的方法是倒水在蓋子四周，查看是否漏水。

有一點千萬要注意的是，污水池內是會有硫化氫（Hydrogen Sulfide, H_2S）的，硫化氫是一種易燃、無色、可溶於水的有害氣體，當濃度超過530ppm，可在短時間內導致昏迷、呼吸停止甚至死亡。所以如果要修理污水池內的水泵或水位控制器等設備時，一定要先用儀器測量硫化氫的含量是否安全，入池前與施工中要充分通風換氣，此類工作必須要有兩人以上施作（參照勞動部職業安全衛生署，《職業安全衛生設施規則》中有關局限空間作業危害預防），隨時用儀器監測以確保安全。

五、廚房排水系統

(一)截油槽

廚房排水大都含有油脂，要注意不可將廢油倒入水溝，所以要裝設截油槽（**圖5-2**），而且每天都要清潔，如果排水量大就需要加裝油水分離機，才能達到衛生下水道納管標準動植物油脂（30ppm以下）的標準。

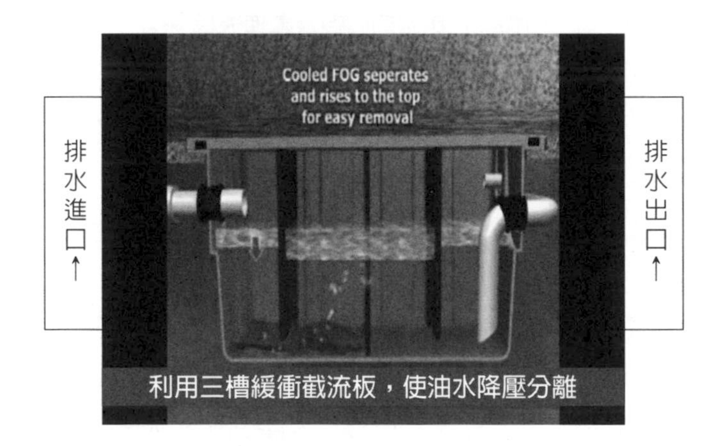

圖5-2　截油槽透視圖

(二)油水分離機

前述截油槽的處理水量較小而且效果較差，可能無法達到衛生下水道納管標準，必須加設大型油水分離機，構造比較複雜，效果比較好，此油水分離機大都設置在地下室。油脂截留設備處理流程請參考**圖5-3**。

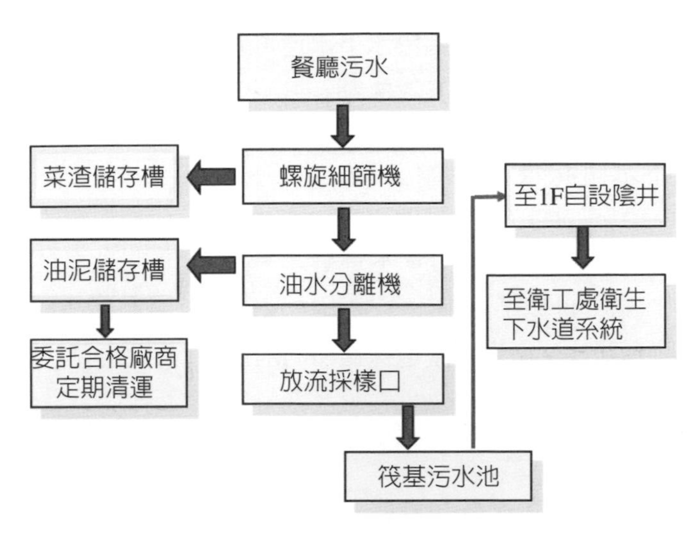

圖5-3 油脂截留設備處理流程

油水分離機房內會有廚房廢水、菜渣、廢油泥等，所產生的餿水味是很難聞的，如果讓其瀰漫在地下室是非常不好的，需要將其排出室外，其抽風機可以加裝除臭的活性碳除臭機或高壓放電臭氧機與紫外線除臭機，避免影響鄰近的住戶。通常油水分離機的菜渣儲存槽，每天都要派人清潔。

(三)衛生下水道納管標準與違反納管標準之罰則

廚房排水需要符合排放標準，因污水法條與污水水質限值項目繁多，據衛生下水道工程處統計百貨、旅館業最易超過標準的項目，其中以炒菜或油炸物的排放水最易超過污水規定的動植物油脂（30ppm以下的標準，而被政府稽查，如超標將被處新臺幣一萬元以上、十萬元以下）罰鍰，情節嚴重甚至封閉排水閥（因為動植物油脂進入下水道後，容易與其他洗碗或洗衣的鹼性廢水混合，產生皂化反應現象而結成硬塊，進而堵塞管路），所以要非常小心處理，否則不但會被罰款，還會破壞旅館形象。

關於衛生下水道法與公共污水下水道可容納排入之污水水質項目及限值，因篇幅有限，請自行下載參考。

(四)衛生下水道採樣口

衛生下水道工程處定期會來採樣，如果衛生下水道採樣口（**圖5-4**）污水採樣不符標準，第一次警告，並提出改善計畫，如再次檢查不合格，將會罰款。衛生下水道採樣口的蓋子吊桿孔會有臭味產生，應避免接近新鮮風入口。

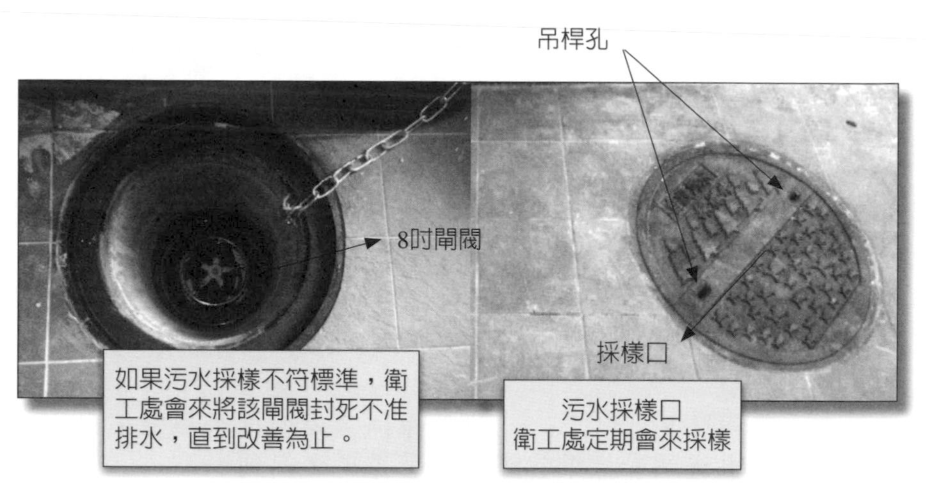

圖5-4　衛生下水道採樣口

(五)自設處理污水設備

觀光旅館業其廢（污）水型態分類及建議處理流程（在沒有衛生下水道接管的地方會採用下列方式處理污水）有下列幾點：

污水會先經攔污柵，將大顆粒雜物擋住，再進入調勻池混合，流到初沉池再接觸曝氣池使污水氧化，流到沉澱池，經過砂濾槽過濾，加消毒水（次氯酸納）殺菌後排出至放流口，該放流口需有明顯標誌，政府環保局會不定期來採樣，如果超標則會罰款。如果政府派員來採樣，必須通知工程部的人來會同。

第二節　鍋爐設備

旅館內設有鍋爐，其功能是產生蒸汽或熱水，蒸汽是供應熱交換器產生熱水，或是提供洗衣房烘乾機、平燙機等設備的熱源，以及廚房的湯鍋、洗碗機等設備的熱源，甚至是提供吸收式冷氣主機的熱源。

一、鍋爐種類

(一)圓筒鍋爐（煙管）

煙管式蒸汽鍋爐（**圖5-5**）耐用可靠，市佔率高，傳熱面積比爐筒鍋爐大，熱效率比較好，蒸汽量10噸／H以下適用。

圖5-5　圓筒鍋爐（煙管）及其剖面圖

(二)貫流鍋爐

貫流式鍋爐（**圖5-6**）的體積小，產汽快，當爐水進入後不經過循環，而從給水泵打出的高壓水，經過長管路，順次加熱、蒸發、過熱，而變成飽和蒸汽，由管的另一端流出；佔地面積小，壽命比較短。

(三)水管式鍋爐

水管式鍋爐（**圖5-7**）本體由汽鼓、水鼓、水牆構成，產汽快，水質要求高，適用蒸汽需量10噸／H以上的鍋爐。

(四)熱水鍋爐

熱水鍋爐（**圖5-8**）就是生產熱水的鍋爐，是指利用燃料燃燒釋放的熱能把水加熱到額定溫度的一種熱能設備。使用天然瓦斯或超級柴油較佳。

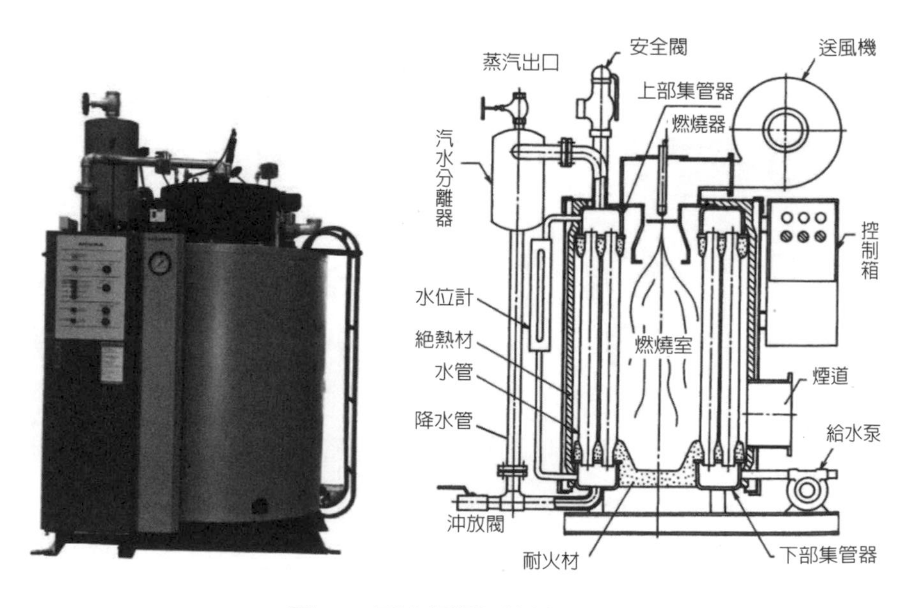

圖5-6　貫流鍋爐及其剖面簡圖

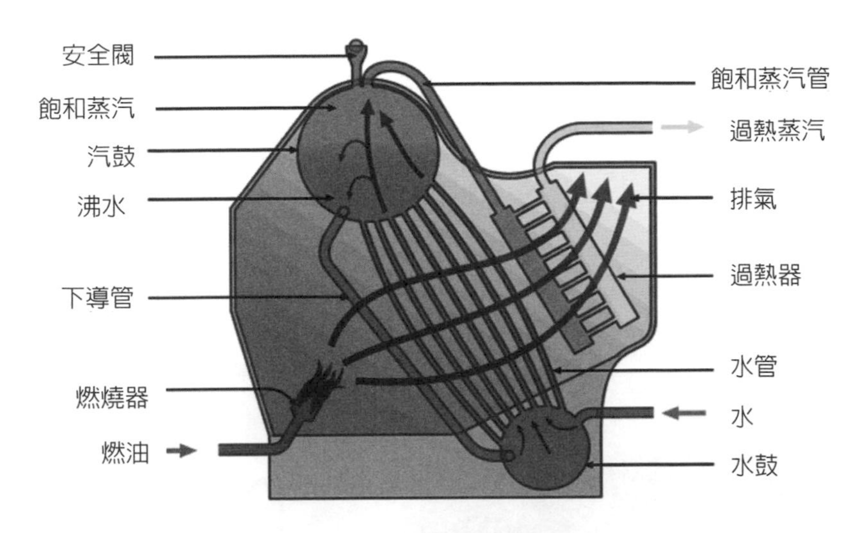

圖5-7 水管式鍋爐簡圖

圖5-8 熱水鍋爐及其透視圖

(五)熱媒鍋爐

熱媒鍋爐（**圖5-9**）基本構造與煙管式蒸汽鍋爐相似，是一種高溫低壓加熱爐，其所用之熱媒油是一種液態油類，無蒸發性，油在爐內加溫後，經高溫泵浦輸送到交熱器去加熱水（供洗澡用），發出熱量後，油再回爐內繼續循環加溫，爲目前最安全、最經濟、最耐用、最高效率的一種加熱爐。

圖5-9　熱媒鍋爐及其透視圖

二、鍋爐燃料

鍋爐燃料有煤、重油、鍋爐油、柴油、天然氣等，政府對於鍋爐空污管制越來越嚴格，所以只剩下超級柴油、天然氣才會符合標準（在新加坡有使用電力的鍋爐）。多年前市場上有超磁波省油器，有永磁式（釹鐵硼磁鐵NdFeB magnet）與電磁式兩種，裝在鍋爐油管外圈，號稱可以節省燃油，但實際測驗似乎效果有限。

三、空污費

行政院環境保護署爲了要改善空氣污染，訂定了《空氣污染防制法》及《空氣污染防制費收費辦法》，對於鍋爐燃燒重油者需要申報付費（目前超級柴油已隨油徵收）。使用天然氣目前不必繳交空污費（但要申報），政府已輔導鍋爐燃燒重油者改爲天然氣，對於空氣污染防制也越來越嚴格。其相關的法規、收費標準及申報書包括：

1.《空氣污染防制法》。
2.《空氣污染防制費收費辦法》。
3.《固定污染源空氣污染物排放標準》。
4.《固定污染源空氣污染防制費收費費率》。
5.硫氧化物、氮氧化物收費費率及計費。
6.空氣污染防制費申報書（SOx硫氧化物、NOx氮氧化物）。

爲了加強管制鍋爐的空污排放，環保署還訂定發布「鍋爐空氣污染物排放標準」（**表5-1**），既設鍋爐則需於2020年7月1日前符合標準。要達到這個標準，幾乎只有將鍋爐改爲天然氣，或改爲超級柴油了。

表5-1 鍋爐空氣污染物排放標準

空氣污染物	排放管道標準	施行日期	
		新設鍋爐	既存鍋爐
粒狀污染物	30 mg/Nm^3	發布日	2020年7月1日
硫氧化物	50 ppm		
氮氧化物	100 ppm		

四、鍋爐設置位置

一般鍋爐設置位置會在經濟價值比較低的位置，或最靠近使用設備（加熱器、洗衣房）的樓層，例如：

1.地下室最低層。
2.地下室最近使用設備（加熱器、洗衣房）層。
3.屋頂層。
4.最高層。
5.屋外。

五、鍋爐系統給水處理

鍋爐系統給水處理的功能是減少或消除其所含的結垢情況、腐蝕性程度、水氣及氣泡滯留現象及腐蝕性脆裂等。

防止結垢硬化處理方式有：

1.移除硬化的雜質及矽含量。
2.添加化學劑促使所含雜質沈澱移除出。
3.排放給水所含溶解固粒及污泥。

如果鍋爐給水處理不良，是會影響鍋爐壽命，對於每年的檢查是會有影響的。良好的鍋爐操作可以讓鍋爐使用20年以上，更換鍋爐是很麻煩的一件事，尤其是鍋爐在高樓層那更是一件大工程。有一種超勁磁波水處理器，有永磁式與電磁式兩種，號稱有四萬高斯磁場，可以抑制鍋爐水結垢，但實際驗證還是需要加水處理藥才有效。

六、煙道氣體分析儀

數位煙氣分析儀是用於鍋爐的燃燒測試和煙氣污染排放監測，以提升效率，其特色是：

1.體積小巧，操作簡單，同時顯示多組測量結果。
2.可同時測量O_2和3個污染氣體以及煙道溫度、環境溫度。
3.感測器可測 SO_2、CO、NO、NO_2等氣體。
4.可監測鍋爐排氣含氧量是否過高、燃燒效率是否良好。

七、鍋爐排氣熱回收

鍋爐排氣大約是230℃，可以設計加裝回收設備來加熱生活熱水，就是將要進入熱水儲存桶的冷水，先進入鍋爐排氣的熱交換器加熱後再進入熱水儲存桶中，以達到節約能源的效果。

八、鍋爐年度檢查的規定

鍋爐需要每年檢查，也需要專任的操作人員，同時需要遵守下列相關法規：

1.《職業安全衛生法》第5條：
(1)防止機械、器具、設備等引起之危害。
(2)應有符合標準之必要安全衛生設備。
2.《職業安全衛生法》第8條：非經檢查合格，不得使用。
3.《職業安全衛生法》第24條：應僱用具合格操作執照或經訓練合格之人員。
4.《鍋爐及壓力容器安全規則》第8條至25條：需專任操作人員。

九、蒸汽系統

鍋爐所產生的蒸汽須靠管路系統，送至各區的相關設備去加熱，做完工之後的蒸汽變成冷凝水，如果壓力高的話又會變成Flush steam（閃發蒸汽），需要再作熱能回收利用後，再送回鍋爐的給水系統，這些要靠良好的相關零件來配合完成，這些主要設備與零件需要定期檢查，如有故障則須修理或更換。蒸汽系統的設計非常重要，保溫材料與蒸汽零件的選用都會影響節約能源的效果，建議使用信用可靠的廠牌，例如在英國具有百年歷史的產品SPIRAX SARCO，效果與壽命才會長久。

需要注意蒸汽系統是否有洩漏（蒸汽洩漏是一種損失，有時很難發現，利用紅外線鏡頭就可以精確測得）、是否保溫良好，包括蒸汽閥件（減壓閥、過濾器等）專用保溫夾克（陶瓷纖維毯製），蒸汽最後會變成冷凝水，這是需要回收的。蒸汽是不可以直接加熱食物的，因爲鍋爐有加水處理的化學藥劑（除非是用食品級的鍋爐處理藥，但此藥效果差而且貴）。

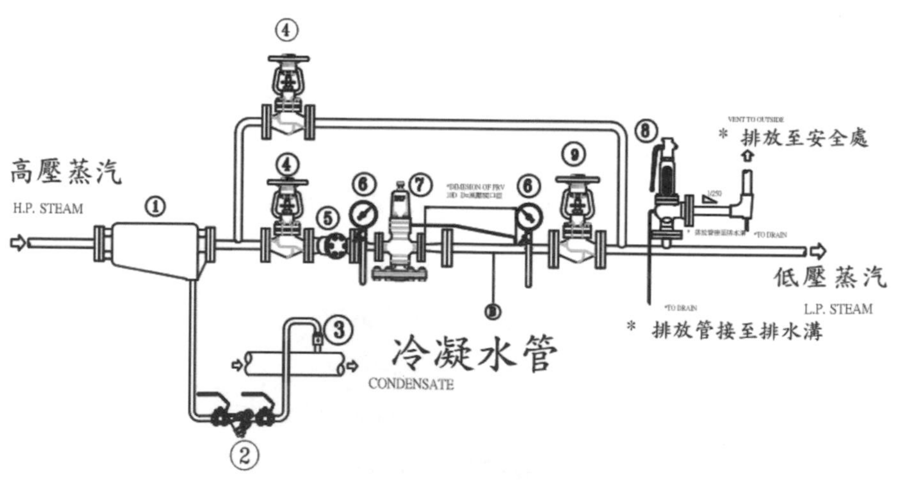

圖5-10　蒸汽系統

說明：①汽水分離器。②自動測漏液體移除組。③降壓器。④伸縮囊式停止閥。⑤Y型過濾器。⑥壓力錶。⑦響導式減壓閥。⑧安全閥。⑨伸縮囊式停止閥。

十、鍋爐設備的保養

大部分五星級旅館的鍋爐是由工程部自行保養，也負責申請鍋爐及壓力容器年度檢查。

鍋爐操作人員需要清洗噴油嘴、燃燒機、鼓風機、點火器，清掃爐膛、煙管、水管側、水位計、水位控制開關等工作，自己操作，自己維修，對於設備透徹瞭解，更可以維持設備的安全及延長壽命，年度保養工作是很辛苦的一項工作，技術員進入爐膛或是爐筒水管側，可以用手機接內視鏡頭檢查煙管內部是否有腐蝕現象，以及檢查水側是否有結水垢現象，施工時必須遵守職業安全衛生的相關規定，注意本身的安全，主管也需要給予員工適度鼓勵與關心。

十一、鍋爐設備的年度檢查

(一)定期檢查

依據《危險性機械及設備安全檢查規則》及《鍋爐及壓力容器安全規則》，雇主於鍋爐檢查合格證有效期限屆滿前一個月，應填具定期檢查申請書，向檢查機構申請定期檢查。

(二)鍋爐及第一種壓力容器代行檢查機構

勞動部指定辦理危險性機械及設備之代行檢查機構分三個區：(1)中華鍋爐協會（台北市、新北市、基隆市、桃園市、新竹縣、新竹市、宜蘭縣、花蓮縣、連江縣）。(2)社團法人中華產業機械設備協會（苗栗縣、台中市、彰化縣、南投縣、雲林縣）。(3)中華民國工業安全衛生協會（嘉義市、嘉義縣、台南市、高雄市、屏東縣、台東縣、澎湖縣、金門縣）。

(三)鍋爐及第一種壓力容器定期檢查（年度檢查）

依據《危險性機械及設備安全檢查規則》第 83 條，雇主於鍋爐檢查合格證有效期限屆滿前一個月，應塡具定期檢查申請書，向檢查機構申請定期檢查。逾期未申請檢查或檢查不合格者，不得繼續使用。

旅館內的壓力容器需要檢查的有蒸汽加熱的熱水器。近年雙效熱泵功能提升，可以產生足夠的熱水（萬一冬季不足的時候，則用瓦斯熱水爐供應），甚至有三效功能的VRV空調機（熱水、冷氣、暖氣），需要蒸汽的洗衣房設備，如平燙機或烘乾機，可改爲天然瓦斯加熱機型，小型的燙衣機所需要的蒸汽可使用小型電熱蒸汽產生器來供應，需要人員操作的大型鍋爐就可省略了，也少了每年申報檢查以及空污問題。

第三節　空調系統

空調是旅館的基本配備。空調系統用電爲營業場所最耗電的設備，佔旅館業全年用電40%以上，因此除了好的空調規劃設計外，尙需注重設備高效率運轉及節能功能。

一、空調冰水主機種類

各種不同冰水主機的種類及特性說明如下：

1.螺旋冰水主機：通常是旅館客房超過100間以上與含1～2間餐廳及宴會廳會採用，有雙螺旋與三螺旋變頻主機。每冷凍最大耗電量主機爲小於0.576 kw／RT。

2.變頻式離心式主機：通常是旅館客房超過300間以上與含3～5間餐廳及宴會廳會採用。每冷凍最大耗電量主機爲小於0.576 kw／RT。

3.磁浮全變頻離心式冰水機：通常是旅館客房超過100～300間以上與含1～2間餐廳及宴會廳會採用。是以無油式磁浮軸承取代機油減少摩擦損失，壓縮機運轉具有更高效率。每冷凍最大耗電量主機爲小於0.35kw / RT。

4.吸收式冰水主機：通常是旅館客房超過300間以上與含3～5間餐廳及宴會廳會採用。熱源是柴油或瓦斯，使用在電力供應比較不足的地區。

5.熱泵冰水主機：通常是搭配中央空調冰水系統及熱水供應系統使用（水對水雙效熱泵，可同時產生冰水與熱水）。

6.儲冰機（螺旋冰水主機）：通常是旅館客房超過100間以上與含1～2間餐廳及宴會廳會採用。設置儲冷式空調系統之用戶，在離峰時間空調用電之流動電費按60%計算（享有電力公司離峰時段優惠的時間電價比較便宜）。

7.一對多VRV變頻分離式冷氣機（室內機&室外機）：通常是旅館客房低於200間以下，含1～2間餐廳及宴會廳會採用，也有三效能的VRV空調機（熱水、冷氣、暖氣）。VRV是指變製冷劑流量（Varied Refrigerant Volume，簡稱VRV）。能源效率比值性能系數需達3.61以上。

8.其他：包括小型送風機、聯網型直流無刷無段變風量送風機、VAV送風機、空調箱、冷卻水塔、冷卻水泵、冰水泵、板式熱交換器、全熱型交換器、節能的Free Cooling免費冷卻系統。

大型空調冰水主機的年度保養大多委託原廠商施作，至於冰水主機的冷凝器刷洗，有些是由旅館的工程部自行施作，有些是由廠商做酸洗除水垢，或是由廠商施作通管洗刷保養工作，施作時必須測量冷凝器銅管的厚度，以及可以用手機接內視鏡頭（**圖5-11**），檢查銅管內部是否有腐蝕現象或是有結水垢現象，這些是會影響冰水主機的效率及壽命的（該內視鏡頭也可以檢查鍋爐或其他機器設備以及水管堵塞等工作）。

圖5-11　手機或筆電接內視鏡頭

表5-2　VRV系統與變頻冰水主機系統比較表

VRV系統與變頻冰水主機系統比較表（200間客房為單位）		
項目	VRV	變頻冰水主機
優點		
年度保養費	較低	較高
室內機	箱型，噪音較低	噪音較高
室內機配置	管道需求小，方便配置	管道需求大
	可分散配置	需一處較大機房空間
	無外氣溫度過低限制	冷卻水溫度低恐有湧浪現象
	可冷暖同時具備	冷暖需切換系統
	機器壽命10~15年	機器壽命20年以上

（續）表5-2 VRV系統與變頻冰水主機系統比較表

項目	VRV	變頻冰水主機
缺點		
系統造價	較冰水系統高約4成	較低
效能COP	約3.2（含二次側）	約5-6（未包含二次側）
故障率	每年約兩台壓縮機---20萬	較穩定
日後修改調整	困難，冷媒需泵集	簡單
控制	較複雜，與主機連動	簡單
	蒸發溫度低，出風口易結露	較不易發生
	盤管輕微阻塞，易造成出風口漏水	較不易發生
	故障情形較難排除，多為機板故障	較簡單
	需為原廠持續維護保養	較可自行選擇
	外氣溫度高，效率衰減	與外氣濕度相關
	有管路長度回油限制	無揚程上限制
	效率約5%浪費在回油動作	無需減載回油

二、冷卻水系統之冷卻水塔（Cooling Tower）

利用水作爲冷卻劑，將系統中的熱量排放至大氣，以降低系統溫度至濕球溫度附近之裝置；一般都是FRP玻璃纖維製作，也有用不銹鋼做外殼與水盤，風扇與馬達必須是低噪音而且具有變頻功能，水質的管理非常重要。

另有密閉式冷卻水塔系統，水循環經過熱源設備後，同樣進入到密閉冷卻水塔，但不同的是進入到盤管的管內（又稱爲內水），與冷卻水塔的冷卻水（又稱外水）分開，利用間接冷卻的方式，將外水噴淋於盤管外管壁，使內水形成一個封閉式迴路，讓水中的濃度永遠保持穩定、乾淨，不會有水路堵塞的問題，約適用500噸以下空調。

三、冷卻水系統旁通過濾器

旁通過濾器爲利用多濾器過濾塔，具有自動逆洗功能，來去除冷卻水中S.S.（Suspended Solids）懸浮固體物及粉塵等固體物，藉以減少水中沉積物，避免熱交換器或其他熱交換設備產生淤泥，而造成熱交換效率降低，或產生沉積物腐蝕問題。

四、電導度自動排放系統

冷卻水中的溶解固體（礦物質）會不斷地濃縮，將對冷卻循環水系統造成嚴重傷害（諸如：冷凝器、熱交換器、散熱片等，產生沈積結垢現象），故須隨時監測、控制（電導度）濃縮情況，並適時作排放，以確保冷卻水品質，測量電導度的電極棒要定期清洗保養。

五、冷卻水塔保養清潔須注意事項

1.風車馬達潤滑保養（可裝自動注油器）。
2.集水盤需要清洗、除垢（夏天每月都要清洗，冬天可以久一些）。
3.灑水噴頭水流檢查，避免堵塞。
4.Y型過濾器要定期清洗。
5.風量及噪音要定期檢查。
6.旁通過濾器要定期反洗保養。
7.退伍軍人桿菌定期檢測。

青苔是冷卻水塔水質的指標，如果沒有什麼青苔代表水質管理良好，比較不會含有退伍軍人桿菌；在夏季幾乎每個月都要清洗冷卻水塔，否則青苔一定會很多，影響水質。

退伍軍人病（Legionnaires' disease）是一種由退伍軍人桿菌引起的細菌性肺炎，身體虛弱者可能致死。退伍軍人菌檢測陰性代表未檢出，陽性代表檢出有退伍軍人菌。許多國際觀光旅館都會要求定期化驗退伍軍人桿菌做爲參考，避免傳染疾病。

六、冷卻水處理劑

冷卻水加藥處理的目的，乃是防止管路結垢、設備腐蝕、微生物孳生等問題，以提高運作效率，減少水電支出和延長設備的使用壽命，同時於空調冷卻水處理上更有防制退伍軍人菌孳生功能。超磁波水處理器，有永磁式（釹鐵硼磁鐵NdFeB magnet）與電磁式兩種，號稱可以抑制冷卻水結垢，但實際驗證還是需要加水處理藥才有效。

1.腐蝕抑制劑：防止各種不同型式之腐蝕產生，解決相關的問題。
2.結垢抑制劑：防止沈積產生、避免結垢，常見之結垢物如碳酸鈣、硫酸鈣、矽化物、鐵及鎂化合物等。
3.滅藻劑：滅除藻類（algae）。
4.殺菌劑：滅除細菌（bacteria）、眞菌（fungi）、黴菌（mold）。

空調冷卻水奈米科技節能機節能清潔系統

近年在空調界有廠家應用奈米科技節能系統奈米激化器，因其本體會產生長效的高頻震盪，透過此高頻震盪方式來改變水分子團的結構及大小，改變後的水分子有體積小、滲透力強、安定性高等特性；再搭配節能機系統的其他裝置，可使管路中的水垢、矽、細菌、磷、鎂、鈣等懸浮粒子得以清除，並在管壁形成一個保護膜，可使雜質無法附著。奈米科技節能機是屬「綠能設備」，節能省水、環保、不用化學藥劑清洗空調設備、除垢防垢、殺菌殺藻、確保冰水主機永遠保持最佳COP狀態，省電15%，是目前最好的「綠能設備」。該系統可以有下列功能：

1.除垢功能（清除之後產生反電荷功用）。

2.冷卻水不結垢。

3.省電。

4.冷卻水泵的輸出壓力減低，負載變小。

5.所有設備及管路與閥件的壽命可延長。

6.節省維護費。

7.淨水功能（維持小於15奈米粒徑的水質）。

8.抑菌（清除有機碳養分，導致細菌無法生存）。

9.環保不使用化學藥劑（符合LEED、環保法規）。

七、空調箱（Air Handling Unit, AHU）

空調箱（**圖5-12**）的功用是將空調冰水主機產生的冰水作熱交換給空氣，送至餐廳或宴會廳等大面積的空間，有送風及回風，還有新鮮風供應。運轉的相關資料同時可以提供中央監控電腦，例如：運轉狀態，新鮮風閘門開度，初級濾網與次級濾網的清潔狀況，變頻機的轉速、送風及回風的溫度，以及當火警發生時停止送風並將回風排出至室外，當回風管內的二氧化碳偵測器測得濃度接近900ppm（可設定）時自動將新鮮風閘門開度加大避免超過標準（室內空氣品質標準規定二氧化碳濃度為1000ppm以下）。UVC紫外線消毒殺菌燈泡可以裝設在回風側，有效消滅生物氣膠，可預防飛沫空氣傳染，SARS疫情與COVID-19疫情期間有許多地方安裝。

圖5-12　空調箱

八、FCU送風機（2管式或4管式）

FCU送風機的功用是將空調冰水主機產生的冰水（或暖水）作熱交換給空氣，送至客房或辦公室等小面積的空間。大致可分爲2管式送風機（**圖5-13**）和4管式送風機（**圖5-14**）。2管式送風機在冬天要改送暖氣時必須將冰水系統改送爲暖水，全面改爲暖氣。4管式送風機是可以同時送冰水與熱水，在平時依照溫控設定打開冰水閥及關閉熱水閥來送出冷氣，或是溫控設定高則會關閉冰水閥而打開熱水閥來送出暖氣。實際操作時會等外氣溫度低至18℃以下時才會啓動暖氣的熱水系統，因爲客人會不瞭解而亂設定溫控造成能源的浪費。送風機的正下方必須保留足夠的空間，來做年度保養工作，或回風過濾網的清潔工作。

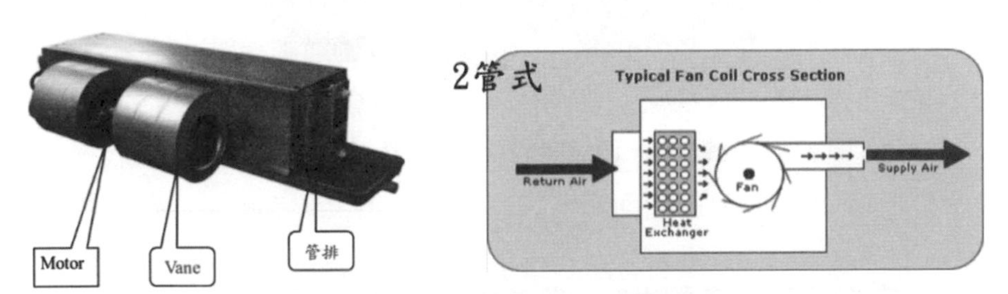

圖5-13　2管式Fan Coil Unit送風機

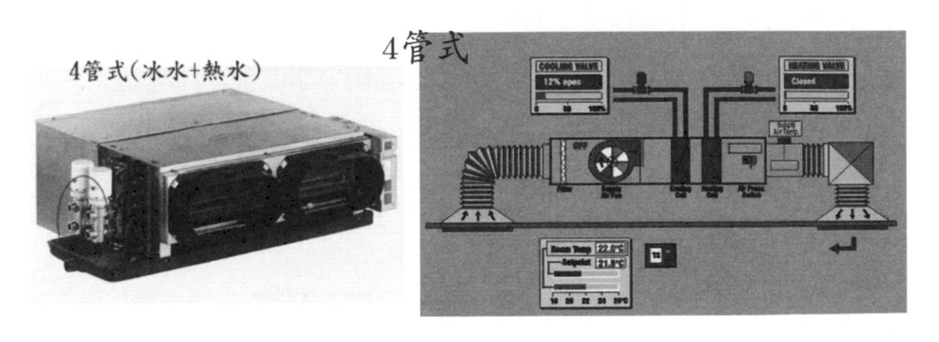

圖5-14　4管式Fan Coil Unit送風機

另有一種聯網型直流無刷無段變風量送風機（Direct Current Brushless, DCBL）（**圖5-15**），是最新式的直流無刷無段變風量送風機，是比較省電的機種，而且是比較無噪音的。採用高效率直流無刷馬達搭配微電腦遠端聯控，精確溫控，超省電、超舒適。全載風量即有20～40%節能效益，低負載時，低轉速、超靜音、超節能，省能達70%，提供Key-Card功能（可自定室內溫度省電模式），可滿足旅館多元需求。

有旅館在回風管中加UVC紫外線殺菌燈泡及光觸媒，可以增加消毒空氣的機會。

圖5-15　直流無刷無段變風量送風機

九、空調箱及箱型機、氣冷冰水機、分離式及窗型冷氣保養

要維持良好的空調品質，相關設備必須做定期保養，內容如下：

(一)每個月定期保養項目

1.濾網清洗。

2.進、出風口清理擦拭。

3.保持機體清潔（含排水盤清理）。

4.皮帶檢查、調整、校正、更換。

5.每三個月軸承加油檢查。

6.水塔清洗乙次。

7.每三個月袋式濾網更換（依照濾網前後壓差來決定）。

(二)每六個月保養項目

1.出水壓、流量、控制器檢查調整。

2.電器開關、指示燈、線路檢查。

3.溫度控制器測試、調整、校正。

4.初級濾網更換及各式濾網申請更換（依照濾網前後壓差來決定）。

(三)每年度保養項目

1.散熱鰭片要清洗並拍照記錄。

2.管路查漏。

3.風車風鼓清洗。

4.馬達、壓縮機電流測試並記錄。

5.冷凝器用藥洗。

6.高效率網更換（依照濾網前後壓差來決定）。

(四)不定期維修項目

1.風車、馬達軸承檢修或更換。

2.風車傳動檢修或更換。

3.控制、保護開關檢修或更換。

4.蒸發器、冷凝器鰭片清洗。

5.水盤清洗及除鏽油漆。

6.系統加壓探漏。

7.管路補漏及壓縮機更換。

8.窗型及分離式冷氣機每年需保養清洗鰭片及油漆乙次，並拍照記錄。

十、冷氣送風機維護保養內容

(一)每個月定期保養項目

1.天花板回風濾網保持清潔。

2.出風口保持清潔。

3.送風機回風網。

(二)年度保養項目

冷氣送風機年度保養大部分是由外包廠商負責，項目有：

1.風量檢查調整。

2.吊架及整體固定、調整、校正。

3.管路檢查。

4.控制器檢查及調整（含2通閥或3通閥）。

5.帆布及接頭檢查。

6.排水盤及排水管清洗。

7.風鼓及鰭片清洗或風鼓更新並拍照紀錄。

(三)不定期維修項目

1.馬達軸承加油或馬達更新。

2.二通閥或三通閥檢查或更新。

3.溫度控制檢修或更新。

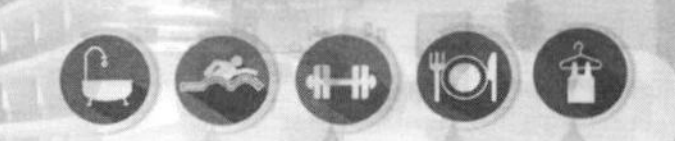

4.排水管路污垢清潔或破裂更新。
5.冰水管路保溫不良更新。
6.出、回風口更新。
7.送風機更新安裝。

十一、後勤辦公室的冷氣設計

後勤的辦公室，包括房務部、餐飲部、財務部、採購、人事、業務部、總經理室、董事長室、安全室、工程部等，必須有24小時獨立作業的冷氣送風機，才不致於出現只有某部門加班時，全部的後場辦公室的冷氣都開著的現象。

十二、空調設計常發生的缺點

空調設計常發生以下的缺點，需要預先計畫防止：

1.空調箱的冷卻水採用冰水系統。
2.冷凍、冷藏冰箱的冷卻水採用冰水系統。
3.冷凍、冷藏冰箱的冷卻是採用氣冷式的方法，將熱直接散在冷氣房內。
4.空調箱、冷風機的冷凝水無回收，將水直接排掉。
5.冷卻水塔、冷卻水旁通過濾設備排放水無回收。
6.大型的冷卻水管與冰水管採用滾溝式機械接頭，在直角轉彎處一定要注意中心線要對準，而且要注意加防震接頭，否則在地震時很容易會脫管，造成淹大水而損失慘重。
7.冰水系統與冷卻水系統的膨脹水箱的位置要注意，需要定期保養檢查，浮球閥需用不銹鋼材質，應加低水位警報與高水位警報或溢水警報。

8.冰水系統支管的最頂端必須加裝自動釋氣閥，以便將管內的空氣排出，該釋氣閥要經常檢查是否會漏水。

十三、冷凍、冷藏系統

比較優良的設計方法：

1.獨立的冷卻水系統。
2.具有變頻控制。
3.能與主冷卻水系統備用旁通（保養時不受影響）。
4.每一個設備（冰箱或冷藏庫）具有2個Y型過濾器（保養時不受影響）。
5.有水處理加藥系統以提升效率。

十四、免費冷卻（Free Cooling）

大型旅館的空調設計，冬天氣溫低時大約有40天可以利用外氣冷卻水塔來冷卻冰水系統，減少空調主機運轉時間以節約能源，利用電腦來操控水冰泵與冷卻水泵來達到Free Cooling的功能（氣溫15℃以下時使用冷卻水系統而停止壓縮機達到省電效果）。Free Cooling是利用濕球溫度工作，當外氣乾球溫度爲15℃，相對濕度是50%時，濕球溫度爲9.68℃，表示可以引入9.68℃的冷卻水來使用（乾濕球溫度對照表）。

十五、VRV分離式空調機

變製冷劑流量（Varied Refrigerant Volume，簡稱VRV）空調系統（**圖5-16**）是一種可變冷劑流量式空調系統，它以製冷劑（以冷媒爲載冷劑，如R32、R410A）爲輸送介質，室外主機由室外側換熱器、壓縮

室外機

天花板上隱藏型室內機

圖5-16　VRV分離式空調機

機和其他製冷附件組成，末端裝置是由直接蒸發式換熱器和風機組成的室內機。其正下方必須保留足夠的空間，來做年度保養工作，或回風過濾網的清潔工作。

變頻VRV空調系統相對於定速系統具有明顯的節能、舒適效果，VRV空調系統依據室內負荷，在不同轉速下連續運行，減少了因壓縮機頻繁啓動、停止造成的能量損失。該機是冷、暖兩用的，很方便。

分離式空調機最大的問題是冷媒管路長、冷凍油無法回流而致壓縮機燒毀、冷媒管路長而接頭處漏氣或管內有水分等問題，電力公司供電如果不穩定或電壓較低，壓縮機馬達也會容易燒毀。

十六、空調集中控制器

各房間或各區的VRV空調機可以集中控制，設定溫度，避免浪費能源。如果同一層樓共用一台室外機，就只能選擇同時開冷氣或暖氣，以優先選擇室內機為準，其餘的機器必須選擇跟從。

該控制器是可以放在櫃檯或工程部，作集中控制，或可接電腦操控。

十七、儲冰式空調系統

(一)儲冰式空調系統優點

1.冷凍主機容量降低，電力設備費用與機械室面積減少，受電容量設備可減少。

2.冷凍主機均處於滿載運轉，電力負載平均及電力供給平穩。

3.運轉費用減少，因冷凍主機容量降低，減少基本電費之支出。且主機處於高效率狀況下，可節省電力，並且享受電力公司離峰時段優惠的時間電價（流動電費按60%計算），而減少流動電費的支出。

4.空調區間設備容量減少、噪音降低，此乃由於儲冰式空調區間出水溫度較低之緣故。

5.提供消防系統之用水，節省保險費用。

6.相對溫度低，係因爲低溫冰水經過冷卻盤鰭片時，除濕量多，室內相對濕度降低，空調區間品質、舒適性較高。

7.利用送水泵，可以分區相當精細。

8.儲冰設備在機器損壞或保養時，可以馬上供應空調區間之冷房能力，提高電力系統設備利用率。

9.抑制電力之尖峰用電負載，達到平衡尖離峰時電力負載。

10.結合區域冷房系統，降低初設費用及運轉費用，更具節能功效。

(二)儲冰式空調系統之缺點

1.增加儲冰設備之裝置費用與空間。

2.製冰時，蒸發溫度降低，冷凍主機製冷能力降低，單位耗能量增

加。

3.系統設計規劃較複雜。

4.冷媒管路複雜，冷媒容易洩漏。

(三)結論與建議

1.設計儲冰式空調系統趨於最適化的方式。

2.由電腦算出儲冰系統之最適化運轉。

3.時間電價之合理訂定，可以委託台電公司做離峰時間電價試算評估。

4.使用套裝式小型儲冰空調系統，適合小面積空間，價格比較便宜。

十八、熱泵

根據取熱來源的不同，目前常見的熱泵分爲以下幾種類型：

(一)雙效式熱泵（適合旅館採用）

同時利用熱源與冷源就稱得上是雙效式熱泵。簡單來說，氣源式熱泵是吸取環境的熱源並製造出熱水以供使用，如把吸取環境的設備放置一需要製冷的空間，這樣的案例就是所謂的雙效式熱泵，其效率可發揮至最高，也就是一方面製造冰水另一方面製造熱水的設備，冰水提供給冷氣使用，熱水提供洗澡用。

(二)水源式熱泵

簡單說是利用冷媒壓縮機所產生的熱來製造熱水，另一端所產生的冷則被水帶走，如果冷的水可以被利用，就可以說是雙效熱泵。

(三)氣源式熱泵

利用冷媒壓縮機所產生的熱來產生熱水，而所生成的冷則散於空氣中，是目前台灣最常見的型式，在實際應用上也較簡易，安裝上較不受環境限制。

十九、全熱交換器

利用全熱交換裝置（**圖5-17**）將室內側排氣同時引進室外側新鮮空氣，並進行熱交換，減少因換氣而導致室溫的改變，降低引入外氣時所增加的空調負荷。

在節能減碳、綠建築推動以及室內空氣品質相關政策與法規要求推動之下，目前國內利用全熱交換器搭配室內空調（冷／暖氣）系統已逐漸普及。

全熱交換器可節約70%外氣耗能。全熱交換器內的空氣過濾氣網大約需要一個月清一次，全熱交換裝置內部大約需要三個月清一次。

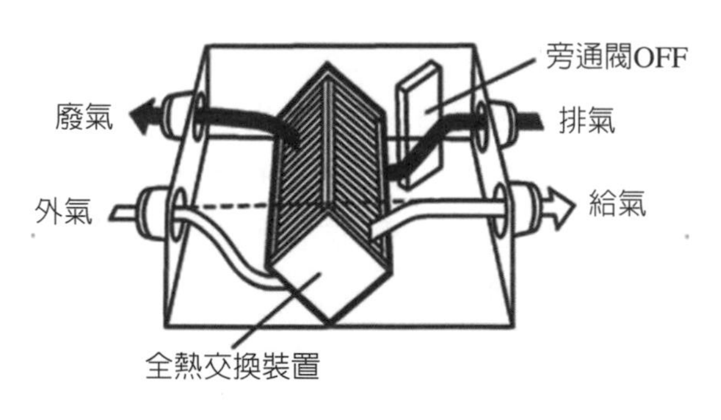

圖5-17　全熱交換器示意圖

第四節 消防系統

現代建築對於消防系統要求非常嚴格，各種系統與設備相互連結，平時就要注意消防設備保養與檢查，遵守消防的規定，例如：消防通道、安全門等，是絕對不可以阻擋。

消防系統包括下列系統與設備：火警系統、消防水系統、撒水系統、泡沫滅火系統、緊急排煙系統、FM-200自動滅火系統、瓦斯漏氣火警自動警報設備（遮斷器）、火警總機、緊急廣播總機、乾粉滅火設備、避難逃生設備、緩降機、自然排煙窗等。

一、火警系統

火警系統也是大樓消防安全最重要的部分，發生火警時相關的應變措施不可少，派員至現場處理判斷是否眞實火警，如眞實火警於整合系統確認並觸發相關連動，進行現場疏散計畫。

新式的整合型中控智慧電腦可以做到，當火警發生時，火警總機有多一組訊號可以傳至CCTV系統，將最近火警的鏡頭畫面跳出，可以立即觀察現場狀況，決定出動消防編組或是進行相關疏散動作。同時通知相關人員的手機可以影像播放，到場搶救，如果火勢大，則立即廣播疏散。

火警受信總機可分P型、R型、電腦圖控式總機，火警探測器有光電定址式偵煙探測器、離子定址式探測器（客房內）、差動式（定址式）探測器、定溫型（定址式）探測器（其他區）。

火警總機的警報不可以關掉，至少每半年要測試一次，滅火器要掛檢查表，每月要檢查一次並做記錄，消防泵、撒水泵、泡沫泵每一季需要測試一次；每半年要做一次消防疏散演習。

二、室內消防栓系統

當火災發生時，當滅火班人員到場，拉出消防栓箱之水帶並開啓消防用水閥，噴出消防水，此時管路內的壓力會下降，壓力開關會使消防泵啓動，保持滅火活動所必要之放水壓力與放水量。當火災熄滅後，人員將消防水閥關閉，壓力開關會使消防泵自動停止，人員再來安排善後處理問題。消防栓箱上有火警警鈴與火警標示紅燈（火災警報時警鈴會響，同時紅燈會閃爍），消防栓緊急押扣（人員先發現火災可將此押扣用力按下，會驅動火警總機，發出警報），消防栓箱上還有緊急電源指示燈及110V插座供緊急情況下使用；平時就要保持消防水在正常的壓力，系統才算正常。

三、自動撒水系統

自動撒水設備係對於高層或面積廣闊之建築物，在其天花板裝設配管及撒水頭（在客人區會採用美觀隱藏式撒水頭，另附蓋板具有可熔接點60℃），當火災時撒水頭之感應元件，受熱熔解破裂（一般是72℃），管路內的水會噴出來滅火，此時警報逆止閥的開關會自動發出警報（火警閃光燈附蜂鳴器可協助視障或聽障人士逃生），同時在總機上會自動顯示火災位置，當管路內的水噴出後，壓力開關會使得撒水泵運轉來保持管內水壓，於是水會繼續噴出來滅火，當滅火班人員到場，發現火已熄滅，再來將警報逆止閥關閉，此時水壓升高，壓力開關會使得撒水泵自動停止，人員再來安排善後清理問題。平時就要保持撒水系統在正常的壓力。

四、泡沫滅火系統

泡沫滅火系統是使用於停車場，系統類似自動撒水滅火系統，泡沫滅火系統一般由泡沫液儲存桶、泡沫消防泵、泡沫比例混合器（裝置）、泡沫產生裝置、火災探測與啓動控制裝置、一齊開放閥及管路等系統組件組成。

火災發生初期，一齊開放閥上之導壓支管裝設之感知撒水頭因感應而破裂（溫度超過68℃時）使一齊開放閥急速開放放射區域之泡沫噴頭，集體放出泡沫藥劑，即所謂一起放射（一個區大約有8～16個泡沫噴頭）。當管路內的水噴出後，壓力開關會使泡沫消防泵運轉來保持管內水壓，有壓力之水經過泡沫比例混合器，因爲壓差之原理會將泡沫原液按比例帶出至管路內，繼續噴出來滅火，當滅火班人員到場，發現火已熄滅時，再將警報逆止閥關閉，此時水壓升高，壓力開關會使泡沫消防泵自動停止，人員再來安排善後處理問題，包括清理地面、更換感知撒水頭等。平時就要保持泡沫滅火系統在正常的壓力。泡沫原液是一種水成膜泡沫原液，PH酸鹼值在6.5-8.5，無毒。

五、採水泵

採水泵是大樓建築面積超過一定標準，必須提供消防用水供消防車採用，用來救助附近建築物的火災，這雖是一種利他的設施，但將鄰房的火災消滅，不使火災蔓延，也可能是間接救了自己的建築物。

該設施是依據《各類場所消防安全設備設置標準》27條，下列場所應設置消防專用蓄水池：

1.各類場所其建築基地面積在20,000m²以上，且任何一層樓地板面積在1,500m²以上者。

2.各類場所其高度超過31m，且總樓地板面積在25,000m²以上者。

3.同一建築基地內有二棟以上建築物時，建築物間外牆與中心線水平距離第一層在3m以下，第二層在5m以下，且合計各棟該第一層及第二層樓地板面積在10,000m²以上者。

六、緊急排煙系統

依據《各類場所消防安全設備設置標準》第189條規定，在特別安全梯或緊急昇降機間排煙室之排煙設備，有感應器、排煙閘門、排煙風車、送風閘門、送風機等設備所構成，在逃生的通道於安全梯間，形成一個較安全的空間，不但可以阻隔火災的蔓延，也可以有利逃生，在消防演習時也可以讓員工熟悉此類的逃生路線。

七、FM-200自動滅火系統

近來環保意識高漲，爲避免氟氯碳化物（鹵化烷海龍1301與海龍1211等氣體滅火藥劑）將臭氧層破壞殆盡，FM-200自動滅火系統是近年來發展出的氣體滅火藥劑，潔淨、無污染且對人體無害，可迅速撲滅各種類型火災，亦不會侵蝕各種類型的機具設備。

FM-200自動滅火系統是集氣體滅火、自動控制及火災探測等於一體的現代化智慧型自動滅火裝置。

FM-200（又稱HFC-227ea、七氟丙烷，是無色、無味、不導電、無二次污染的氣體）使用於：電子電腦房、資料處理中心、電信通訊設施、程序控制中心、電力設施、大型發電機、防災中心。

八、一氧化碳偵測器（CO detector）

停車場會裝一氧化碳偵測器，機動車輛起動／熄火時會造成微量的

一氧化碳，為維持良好的地下停車場環境，污染源氣體濃度必須保持在一定的標準以下。一氧化碳濃度為一種有效間接的控制參數，依此環境參數能有效率地制定停車場環境通風控制策略（啓動排風機與送風機來換氣），進一步地達到節約不必要能源損耗的效果。

一氧化碳，分子式CO，是無色、無臭、無味的無機化合物氣體，比空氣略輕。當一氧化碳濃度在空氣中達到35ppm，就會對人體產生損害，會造成一氧化碳中毒。一氧化碳濃度超過150ppm 3分鐘內，偵測器會通知總機發出警報，派人至現場處理。

近年來有一些旅館客房會在天花板上額外加裝一氧化碳偵測器（消防法並無規定要裝），以防止有客人會燒炭自殺。

九、瓦斯漏氣火警自動警報設備（遮斷器）

有使用天然氣的大樓都必須設有瓦斯漏氣火警自動警報設備，以防止天然氣火災或爆炸的危險。

依據《各類場所消防安全設備設置標準》第140條，有使用天然氣的場所需要安裝該設備，裝置於值班室等平時有人之處所，但設有防災中心時，設於該中心。

瓦斯管路沿線設有檢知器，當有檢知器偵測到瓦斯洩漏時（瓦斯流量突然大增或供氣壓力過低時），會有警報同時會使遮斷器動作，將瓦斯切斷，防止瓦斯繼續洩漏，當故障排除後，才能操作復歸開關使系統恢復正常。如果遇五級以上大地震，感應器立即動作，同時會使遮斷器動作，將瓦斯切斷以維護安全，此時必須等天然瓦斯公司的人來檢查處理比較安全。

十、乾粉滅火設備

ABC乾粉滅火器是最基本的滅火設備，通常有10磅與20磅兩種款式，一般採用10磅的較多，滅火器放置盒會固定在容易看到的地方（不可隨便移動），並設有長邊24公分以上，短邊8公分以上，以紅底白字標明滅火器字樣之標識，滅火器會有一壓力錶，指針會在綠色位置容易辨認，如果指針在紅色位置（壓力過低）則需更換。設有滅火器之樓層，自樓面居室任一點至滅火器之步行距離在20公尺以下。ABC乾粉滅火器可撲滅下列三種火災：

1.A類火災：一般可燃固體如木材、紙張、紡織品、橡膠、塑膠等所引起之火災。
2.B類火災：可燃性液體如汽油、溶劑、燃料油、酒精、油脂類，可燃性氣體如液化石油氣、溶解乙炔氣體所引起之火災。
3.C類火災：通電之電氣設備所引起之火災，必須使用不導電之滅火劑以撲滅者，電源切斷後視同類火災處理。

ABC乾粉滅火器維護方法：

1.每月檢查壓力錶一次，指針應保持在綠色指示線上（195psi或13.71kg／cm^2），如降至綠色線以下，應重新加壓至195psi（或更新），保持正常狀態。
2.滅火器應放在明顯處，不可隨意移位，不得潮溼，適應溫度0-40℃。

十一、避難逃生設備

避難逃生設備設置的目的是爲了讓正常電力中斷時緊急照明會自動亮起，在黑暗中仍能辨識避難方向與安全門的位置，以及從特定逃生口利用器具逃生。常用的避難逃生設備有：

1.標示設備：出口標示燈、避難方向指示燈、觀衆席引導燈、避難指標。

2.避難器具：指滑台、避難梯、避難橋、救助袋、緩降機、避難繩索、滑杆及其他避難器具。

3.緊急照明設備。

十二、自然排煙窗

自然排煙是將火災發生的煙霧排到室外，不使煙霧流向非著火區，同時也排出燃燒產生的熱量，以利於著火區的人員疏散及救火人員的搶救。自然排煙不需電源和風機設備。

一般來說基地面積比較小、建築物面積不大的大樓才適用自然排煙窗；偵煙器火警時可受煙感訊號驅動而自動開啓，火警消除時，手動按關閉，電動排煙窗就會關閉。

此自然排煙窗每三個月要測試一次。

十三、消防演習

五星級旅館對於消防工作非常重視，幾乎每個月都有不一樣的消防演習，針對早班、中班、夜班的員工，做不同位置及不一樣的火災狀況做演習，讓每位員工都很孰悉消防的步驟，例如模擬客房內失火時救人、救火的方法，餐廳或廚房發生火災時救火的步驟，洗衣房發生火災時滅火的配合，甚至機房失火時消防救災的方法等；每半年要做大型的消防演習，包括傷患救助、使用滅火器將著火的油盤做實際的滅火動作，甚至使用緩降機逃生的情形，有時也會邀請消防局出動雲梯車消防車做噴水滅火動作，偶爾會邀請消防局出動地震體驗車，讓員工感受地震的情況；當然滅火班、通報班、避難引導班、安全防護班及救護班是演習少不了的，最後是逃生、集合、點名的完整過程，整個演習紀錄要呈報當地消防機關備查。

美國911攻擊事件發生後（2001年9月11日發生在美國本土的一系列

自殺式恐怖襲擊事件），許多跨國公司都會要求做逃生、集合、點名的演習。消防防護計畫的法令要求請參考**專欄5-1**。

專欄5-1　《消防法施行細則》第15條

本法第十三條所稱消防防護計畫應包括下列事項：

1.自衛消防編組：員工在十人以上者，至少編組滅火班、通報班及避難引導班；員工在五十人以上者，應增編安全防護班及救護班。

2.防火避難設施之自行檢查：每月至少檢查一次，檢查結果遇有缺失，應報告管理權人立即改善。

3.消防安全設備之維護管理。

4.火災及其他災害發生時之滅火行動、通報聯絡及避難引導等。

5.滅火、通報及避難訓練之實施；每半年至少應舉辦一次，每次不得少於四小時，並應事先通報當地消防機關。

6.防災應變之教育訓練。

7.用火、用電之監督管理。

8.防止縱火措施。

9.場所之位置圖、逃生避難圖及平面圖。

10.其他防災應變上之必要事項。

第五節　電腦機房規範

旅館一般都會有電腦機房來放置訂房系統、財務系統、餐飲系統、前檯管理系統、安全監視系統等的電腦機櫃，由於電腦非常重要，所以電源除了緊急電源之外還要有不斷電系統，電腦不能耐高溫（40℃以下），所以要有冷氣，一般會要求在22℃以下。

一、機房的門禁

機房門禁管制，防止相關工作以外的人員出入。

1.機房入口門禁管制。

2.於機房出入口及機房內部通道，設置CCTV監視錄影。

二、一般機櫃的規格

標準伺服器機櫃在機櫃的深度、高度、承重等方面均有要求。常規高度為47U、42U、37U、32U、27U、22U、18U；寬度為800mm、600mm；深度為600mm、800mm、900mm、960mm、1000mm、1100mm、1200mm。平時機房中使用最多的就是高度42U、寬度600mm、深度800mm的機櫃。

三、機電的相關設施

(一)機房所需要之電力

1.不斷電系統（Uninterruptible Power System, UPS）的供電時間為滿載30分鐘以上。

2.需有發電機供應緊急電源，可支援長時間停電。

(二)機櫃所需要之電力

1.每條電力迴路提供單相110V、15A電力。

2.每個機櫃提供電力容量限制至少在3KVA（含）以上。

(三)機房所需要之空調

1.需有不同主機（水冷式、氣冷式）作為備援，並提供恆溫恆濕下吹式系統。

2.所有空調系統要接至緊急電源（發電機）。

3.機房內最佳溫度攝氏 22ºC，相對濕度50%。

四、環境監控（協助無人化管理）

1.警報系統範圍：如果電力、空調溫度、漏水、消防等系統異常，會發出警報通知相關人員來查看。

2.系統告警通知：系統必須自動發送簡訊通知電腦工程師與工程部。

五、消防所需要之相關設施

1.機房內部有FM-200消防及自動排煙系統。

2.警報系統採用偵煙系統。

3.火災報警至釋放滅火劑的延時時間爲30秒，發出警報，提醒人員逃生。

六、高架地板（防止靜電、方便配線與空調循環）

1.採用鋁合金系列高架地板，地板高度爲30cm，樓板荷重爲500Kg / m^2。

2.鋁合金系列高架地板必須要有良好接地，以防止靜電。

3.高架地板下方要有漏水檢知警報。

七、電腦處理的相關業務

旅館內用電腦處理的業務簡述如下：

1.客房的訂房管理，客房狀態指示管理，空房管理。

2.櫃檯出納作業的相關業務。

3.餐廳POS出納作業的相關業務。

4.應收帳款作業管理。

5.會員資料管理。

6.營業管理分析作業管理。

7.付費電視的管理。

8.消防、安全等監視管理。

9.工程設備運轉的控制管理。

10.人力資源及薪資作業管理。

11.固定資產的管理。

12.總帳及財務作業的管理。

13.採購、驗收、倉庫作業的管理。

八、旅館管理系統前檯功能

旅館管理系統是指對旅館經營管理資訊的收集、傳遞、儲存、整理、加工、維護和使用的系統，利用過去的資料預測未來，幫助旅館進行決策，管理旅館的行政，實現旅館規劃目標。旅館管理系統的軟體有許多國際知名品牌，也有國內也有不同品牌，內容及功能也不斷改進。

自助接待Kiosk櫃檯

近年來科技發展迅速，人力也跟著簡化，為了不要讓客人排隊久等，發展出自助式接待櫃檯（**圖5-18**），自動接待櫃檯可以提供簡易操控的觸控畫面，讓旅客快速入住進行資料登記，亦可整合證件掃描輸入（Optical Character Recognition, OCR，是指對文字資料的圖像檔案進行分析辨識處理）、證件拍照與收發房卡等功能，能在兩分鐘內快速進行住房入住登記或退房，省下不必要的人力與時間成本。

圖5-18　自助接待Kiosk櫃檯桌上型

九、旅館資訊管理系統（Property Management System, PMS）

旅館資訊管理系統（**圖5-19**）一般是指與前檯和後勤作業直接相關連結的電腦應用軟體。前檯系統包括：訂房管理系統、住宿管理系統、顧客管理系統與營業分析功能等；後檯系統包括：財會管理系統、人資管理系統、採購庫存管理系統、訂宴管理系統、工單管理等。

旅館資訊管理系統是協助旅館員工管理客人住宿和其他的相關事宜，協助旅客住宿登記的過程，記錄房客住宿期間的最新房帳，和其他由餐廳、酒吧、禮品店等銷售點的子系統介面所輸入的消費帳款，退房時接受客人全部或部分付款，追蹤由房客指定，部分房帳由公司支付之應收帳款帳戶。訂房模組（Reservation Module）使旅館得以快速提供客房需求，並產生即時且正確的客房收入及未來預測報表。客房管理模組（Rooms Management Module）可以根據房間狀況隨時提供使用者最新資訊，並在房客住宿登記時協助客房的分配。

旅館資訊管理系統的功能包括：

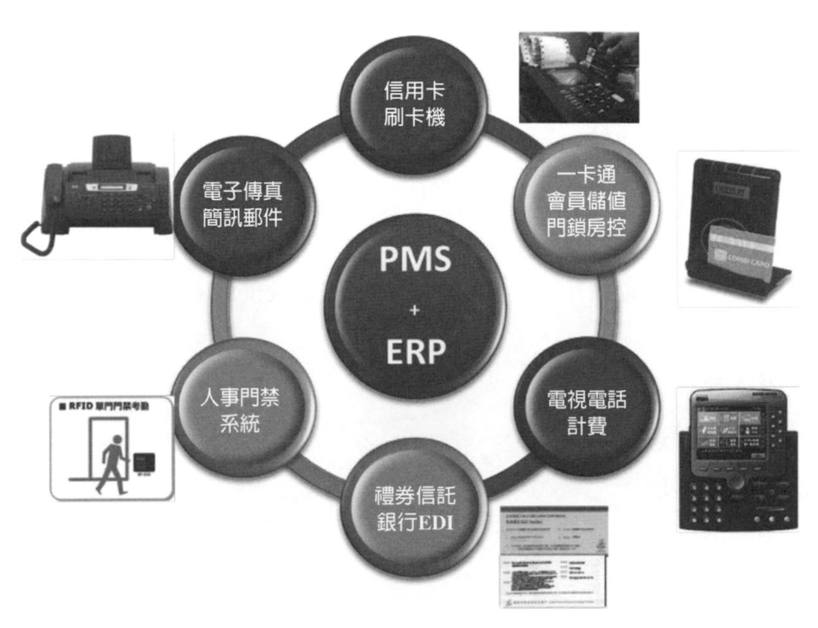

圖5-19 旅館資訊管理系統

1.旅館管理系統支援散客與團體預訂。

2.訂單處理：分帳戶設置，可以設置任意多個分帳戶。包含有效期、費用項目、名稱、轉帳帳戶等。

3.預訂列表查詢。

4.登記單及其處理。

5.支援自動智慧化安排客房功能。

6.支援獨立的Walk-in（散客）功能。

7.預訂客人接待。

8.團體會議處理。

9.旅館管理系統支援賓客特殊處理。

10.資訊查詢。

11.賬務處理。

12.旅館門禁系統整合人事出勤等資料。

13.訂房卡／採購單可直接透過系統整批傳眞，不需列印後人工傳眞。

14.收費電視與外撥電話收費與客戶帳務自動產生至PMS系統。

15.客戶訂房資訊與意見調查可透過mail／簡訊的方式通知。

16.結帳時與信用卡機連結，避免重複人工輸入與作業錯誤。

17.一卡通可整合房卡至旅館內消費掛帳，check out再結帳（需做設備整合）。

18.人事薪資系統。

19.倉庫管理。

20.工單管理。

十、網路系統

旅館的網路系統由外部光纖骨幹系統進入機房，再至旅館各相關單位，再轉成無線網路涵蓋需要的區域。未來發展5G系統也需配合升級。

網路系統大致要注意下列幾點：

1.機房規劃。

2.光纖骨幹系統。

3.內部網路與設備。

4.外部網路與設備。

5.無線網路系統。

5.多點聯網。

6.一般資訊設備。

十一、網路架構功能說明

1.客用網路及行政網路清楚切割，管理方便，有效保證行政網路獨立運作。

2.客網只需簡單上網政策，行政網路可依防火牆需求彈性擴充。

3.透過防火牆可簡單設定行政網路使用行為，阻擋外來之攻擊。

4.透過負載平衡可確保客人使用之頻寬，不會因P2P（Peer-to-Peer）（點對點）影響其他房客正常使用網路。

5.對於VPN（Virtual Private Network）（虛擬私人網）的使用者負載平衡提供VPN透通模式，使VPN的使用者能順利使用網路。

6.區域網路交換技術（LAN Switch. local area network），以VLAN作為區隔，易於管理，並可確保病毒不會於區網內流竄（虛擬區域，Virtual Local Area Network或簡寫VLAN或V-LAN）。

第六節　Wi-Fi無線網路

隨著智慧手機、平板電腦的普及，Wi-Fi無線網路已經成為旅館必備的基礎服務（**圖5-20**），它不僅是評估旅館現代化程度的指標，也能有效提升顧客滿意度。

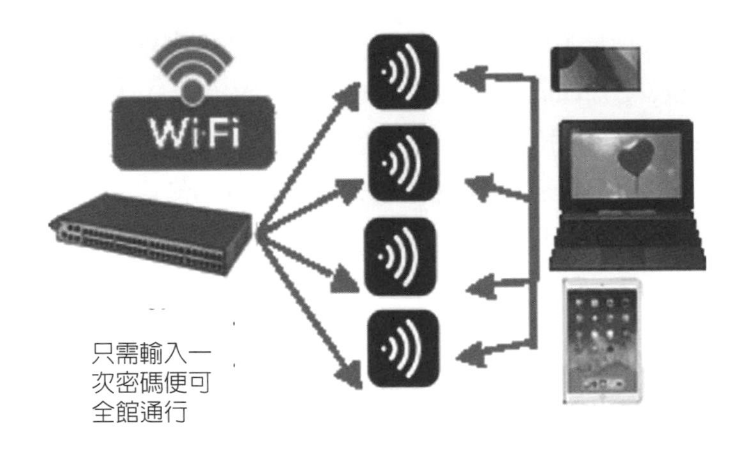

圖5-20　Wi-Fi無線網路

整體而言，能將旅館行政所需的有線網路與顧客所需的無線Wi-Fi網路安全分隔開來（無線Wi-Fi訊號也覆蓋辦公區域，只是設備分開管理），實現Wi-Fi無線網路與有線辦公網路各自一對一「專職管理」的高效率運行。用一台企業級安全防火牆路由器，部署於旅館的中央機房，作爲旅館總頻寬線路的核心接入設備，全面扮演核心路由器、安全防火牆、頻寬管理、內網管理等多功能角色。

從有線網路進步到無線網路，城市Wi-Fi（Wireless Fidelity）覆蓋：旅館也必須面臨數位化轉型挑戰，更需要新一波的產業升級，不管是智慧化、人機合作的新模式、5G、物聯網（IoT），每一個都是旅館無法迴避的問題。IoT技術（Internet of Things，縮寫IoT）是網際網路、傳統電信網等資訊承載體，讓所有能行使獨立功能的普通物體實現互聯互通的網路。由於物聯網（IoT）與生活相關應用的結合，建築物導入節能概念與智慧化相關產業技術，建構主動感知與控制功能。

5G時代的Wi-Fi 6無線網路，從傳輸速率看，5G移動通信傳輸速率可達 10Gbps，比4G網絡的傳輸速度快十倍到百倍，解決大量無線通信需求，將實現眞正的「萬物互聯」；5G Wi-Fi的入門級速率是433Mbps，這至少是現在Wi-Fi速率的三倍，一些高性能的5G Wi-Fi 6還能達到1Gbps以上。

Wi-Fi 6標準是2018年10月頒布，可讓連線速度從Wi-Fi 5（802.11ac）理論最高速度從3.5Gbps提升至9.6Gbps，且具備1024 QAM技術，可望讓每個通道同時有9個用戶，讓在使用者密集的環境中，把平均資料傳輸量提升超過四倍，確保使用者網路不會大塞車。Wi-Fi無線網路的功能是讓裝置與網路保持連線狀態，但可以自由移動，不受實體線路拘束。

第七節　智慧建築網路

一、網路幹線設備

最近幾年智慧型旅館流行起來。所謂的智慧旅館，簡單地講，就是整棟大樓的垂直路線，架設了光纖幹線，透過這光纖幹線，使整棟大樓連結成網狀。在以往，不同設備必須用不同的線路，但是透過這種光纖的網路，任何一個末端的插座都能夠使用不同的機器設備，如電話、電腦、網路等。

如何有智慧地與環境共生共存，成爲建築規劃與設計時的重要考慮因素，而兼顧人性化需求的智慧建築，將成爲新建築規劃設計的主流。希望新建築能達到「安全、健康、舒適、貼心、便利、節能、永續」等智慧建築評估指標意義。

既然智慧化是未來發展的趨勢，智慧建築是必然需要的，旅館在設計時更是要規劃所有相關內容。

智慧建築是高功能性大樓，方便有效地利用現代資訊與通信設備，採用自動化技術，使其具有高度綜合管理功能，並以追求經濟性、功能性、可靠性與安全性爲目的之的建築物。

二、智慧建築的效益

近年來由於科技的進步，自動化的發展，通訊網路及無線網路的發達，政府也開始推廣智慧建築，對於智慧化旅館會有更前瞻性的助力。

1.節省能源20%。

2.節省人力10～20%大約在3年期左右。

3.在建築節能應用中，類似之人工環境下，智慧建築約可節能15-30%。

4.系統化建築建置方式，與傳統各系統獨立相比，約可節省20%的投資。

5.垂直管道間，必須預留足夠的空間讓技術者使用。另幹線尺寸變電容量及負載的平衡，應該保有至少20%的容量增設空間。

表5-3 智慧建築標章評估系統

指標名稱	項目
綜合佈線	1.1佈線規劃與設計；1.2佈線應用與服務；1.3佈線性能與整合；1.4佈線管理與維運
資訊通信	2.1廣域網路之接取；2.2數位式（含IP）電話交換；2.3區域網路；2.4公共廣播；2.5公共天線
系統整合	3.1系統整合基本要求；3.2系統整合程度；3.3整合安全機制
設施管理	4.1資產管理；4.2效能管理；4.3組織管理；4.4 維運管理
安全防災	5.1防火系統；5.2防水系統；5.3防盜系統；5.4監視系統；5.5門禁系統；5.6停車管理；5.7有害氣體防制；5.8緊急求救系統
節能管理	6.1能源監視；6.2能源管理系統；6.3設備效率；6.4需量控制
健康舒適	7.1室內高度

三、數位影像管理系統

旅館的有線監視系統、無線監視系統，配合旅館營運管理需求，即時監看及錄影，遠端監看、放影、備份等超強網路連線功能，電子圍籬系統，搭配Speed Dome高速球型攝影機可達到自動追蹤功能，可具有臉部辨識的功能，對於可疑人士可以提出警示與監控行動，或對於熟客或VIP客人可以提出更溫暖、友善的接待。

安全監控與門禁

◆CCTV鏡頭位置

範圍包括：安全門進出口、安全梯、廚房作業區、驗收區、客人上下車區、大廳出入口、前檯、保險箱、電腦機房、各收銀檯、各餐廳出入口、各宴會廳出入口與通道、停車場出入口、停車場通道、屋頂、機房出入口、員工上下班打卡區、員工餐廳、客房區通道、游泳池、健身房、電梯車廂等。

◆門禁管制

範圍包括：停車場、屋頂、機房、客房區等。

四、數位電子看板系統

旅館的數位電子看板除了有廣告效果，還可以讓客人很容易瞭解各種活動，放在有吸引力的地方，有些還具有互動式操作，可做詢問回答的功能，可以節省人力，該系統內容與操作是由專人管理。

1. 配置說明：電梯廳、宴會廳、1樓大廳、會議室、各餐廳。
2. 規劃採用集中管理控制，經由排程伺服器統一編輯電子看板內容，並定期傳送至電子看板播放。
3. 電子看板可依設置位置播放不同內容。
4. 電梯廳：採用42吋LCD液晶螢幕，主要顯示旅館樓層資訊、活動事項。
5. 宴會廳：採用42吋LCD液晶螢幕，顯示宴會廳活動內容，如辦喜宴時可適時放入新人婚紗照。
6. 1樓大廳：採用42吋LCD液晶螢幕，播放企業形象宣傳、匯率、

最新消息（新聞、氣象）、促銷活動等。

7.會議室：採用22吋LCD液晶螢幕，播放進行中的會議資訊（會議名稱、時間、主題……等）、今日會議室使用狀況及活動簡介等。

8.LED智慧投影機：可以使用於具有較爲有變化性的場所，臨時性的廣告，婚宴場所，會議室，用在餐廳牆面或夜間建築物的外牆，都可投放各種彩色畫面，甚至於有些旅館客房內也會採用，不但可以投放至牆上當大電視機使用，也可以投射至天花板上，讓客人躺著也可以看電視或影片，當然手機上的影音資料也可以直接傳至智慧投影機播放；智慧投影機也可以無線上網，連接網路即時新聞以及影音資料等。

Chapter 6

電氣設備與規劃

- 供電系統之設計
- 照明設備
- 總機設備
- 視聽設備
- 噪音及振動的對策
- 節約能源計畫

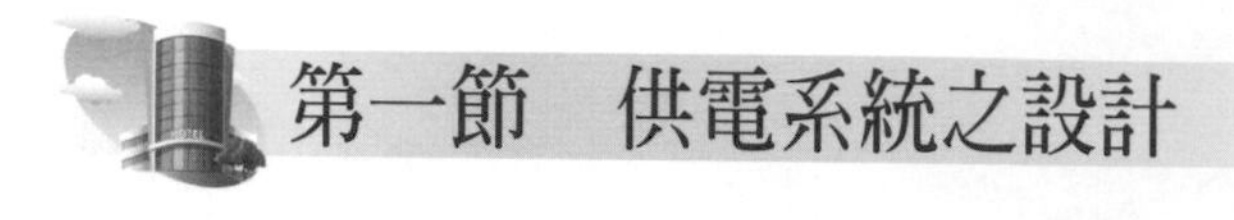

第一節　供電系統之設計

一、配電場所設置

(一)基本供電

一般旅館大樓的供電是由台電供應11.4kv或22.8kv的電，但業者要提供配電用的空間；申請台電供電時要先將設計圖及規範送審，台電審查沒有問題時才會送電。為了要使供電穩定，最好能申請雙迴路供電（需增加費用），並加高壓自動切換開關（Automatic Transfer Switch, ATS），而在主配電盤之後的各個配電站，最好也能有雙迴路供電，在低壓側中間並有連接開關（Tie），當其中一迴路有故障時，可以經由中間的連接開關切換，使供電不致中斷太久。此外在做高壓設備保養時，也可以選擇在白天來做（白天多數客人外出）。

(二)配電室

配電室的設計一定要注意要保持乾燥，在通風不良的地方要裝冷氣。利用客房浴室的總抽風送到配電室來冷卻，也是節約能源的一種設計。因為客房浴室所抽出的是客房的冷氣，所含之水份並不多，所以將之送至配電室再利用，不但可以降低室內的溫度，也可以節約能源。配電室的防水要特別注意，不能有任何漏水，否則易生嚴重故障；在匯流排（Bus way）經過的地方也要注意不能漏水，更要考慮到當颱風來襲時也不能讓雨水吹進配電室。配電室的地面最好是用環氧樹脂（Epoxy）鋪面，可以減少灰塵，減低高壓設備故障的機會。在旅館的

配電室，要特別注意防止小動物（貓或老鼠）進入而造成配電設備故障，因此進入配電室線槽、電管、匯流排等的縫隙都要用防火填塞來密封。如果配電線槽是採用鐵製品，需注意避免產生渦流感應現象而發熱造成意外，建議採用非金屬導線槽可避免此現象。

(三)高壓設備

高壓配電的主開關一般都用V.C.B（真空斷路器），而變壓器漸漸都採用樹脂模鑄式，保養簡單。如果是在室外型的變電則用浸油式變壓器，在主開關盤要裝避雷器；而在變壓器的高壓一次側要裝突波吸收器，可以防止變壓器意外故障。在主開關盤通常都會設有進相電容以改善功率因素。

二、旅館電力設備

台電受電室通常設在地下一樓，台電22.8KV高壓電纜由電管接入至B1受電室，再至B1高壓盤箱。台電受電室室由業主提供，內部設備是屬於台灣電力公司的。

理論上台電的受電室大多是在B1地下一樓，受電室平常都是上鎖的，是屬於台電使用的範圍。當台電人員來巡檢時可以陪同進去順便檢查，如果發現室內很髒，可以要求清潔或順便協助吸塵，夏天要注意溫度是否過熱，要注意高壓電纜進入端是否有漏水，如有漏水則可要求台電公司來修理。

(一)高、低壓配電盤

通常在配電室的第一個高壓配電盤是電錶箱，這個電錶是由台灣電力公司來安裝，並加有封鉛印；其他的高壓配電盤（真空斷路器、變壓器等）會依照送審的配電圖，來照順序安裝，其他配電盤箱表面也會貼上大型簡圖符號，以方便緊急時操作而不會出錯。高、低壓配電盤的地面基本上是水泥地，如果能夠鋪上環氧樹脂（Epoxy）更可以防塵也易於保養，高壓配電室內通常會設置空調以保持低溫，另設高溫警報，到達溫度設定時，中央監控電腦會有警報通知。

(二)智慧型電錶

電力公司近年來已開始採用智慧型電錶（Advance Metering Infrastructure, AMI），通訊方式目前是利用電信業者提供之無線傳輸（GPRS／GSM）網路與AMI控制中心連線，由控制中心讀取電錶所記錄的用電資料，電業授權人員再由電業內部網路讀取用戶電錶資料；也可以下達指令對該用戶電錶重新設定程式，以改變用戶變更時間電價需求。與以往電錶的不同點，是無須再派員到現場讀錶或設定電錶程式，可以節省不少人力。

(三)真空斷路器（Vacuum Circuit Breaker, VCB）

高壓真空斷路器是在真空中斷路的高壓開關，操作上比較不會產生電弧，雖然可以做遙控投入或切斷，但多數的大樓都會派員至現場操作，以確保安全，此開關都可以在中央監控電腦螢幕上顯示動作的狀態。

(四)變壓器（Transformer）

有防火靜音型非晶質模鑄（樹脂型乾式）變壓器或油浸式非晶質鐵芯變壓器。乾式變壓器會附有溫度計以供參考，有些也會有信號輸出至中控室電腦顯示溫度。變電室也會有高溫警報連至中控室電腦，異常時會通知相關人員。油浸式變壓器會有絕緣油溫度及油位顯示器，異常時可經中控室電腦自動通知相關人員。

(五)空氣斷路器（Air Circuit Breaker, ACB）

低壓空氣斷路器又被稱爲氣中開關，是一種只要電路中電流超過額定電流就會自動斷開的開關產品，此開關都可以在中央監控電腦螢幕上顯示動作的狀態。

(六)匯流排（Bus way）

電力系統經由匯流排匯合引出或引入，銅匯流排使用高純度、高導電率之銅材料製成，其間隔使用的絕緣體則需採用高度耐熱、高絕緣強度及高機械強度之鑄模製品，可以承載大電流。匯流排槽的優點有：(1)簡化配電系統。(2)以最小之空間，獲得最大之輸送電流。(3)電壓降最小，電力損失少。(4)絕緣性能高、安全、可防止觸電。

(七)進相電容器

利用電容器可以改善功率因數，減少無效電力。功率因數係指有效電流佔總電流之比例，用戶用電功率因數高低會影響供電品質，過低或過高皆會降低電力系統之穩定性，用戶能採用設置電容器等方式使功率因數至適當標準，相對可減少供電成本。功率因數高於95%系統無效電力過剩，電壓會偏高；若功率因數低於80%，將因無效電流過大產生線路損失及電壓降；進相電容器的控制方式是自動投入或停止的，一般都會控制在90%至95%之間最佳，因爲大樓常會使用變頻器，所以會產生諧波電流，使得電容器容易故障，故障時可能會產生火花，所以有些業者在電容器上方會安裝自動滅火器，來防止火災發生。

(八)電力設備保養

依照《電業法》第60條（專任電氣技術人員或委託用電設備檢驗維

護業之設置）規定，裝有電力設備之工廠、礦場、供公衆使用之建築物及受電電壓屬高壓以上之用電場所，應置專任電氣技術人員或委託用電設備檢驗維護業，負責維護與電業供電設備分界點以內一般及緊急電力設備之用電安全，並向直轄市或縣（市）主管機關辦理登記及定期申報檢驗維護紀錄。

通常大樓會委託機電顧問公司來擔任專任電氣技術人員，來做高壓保養工作。

三、緊急電源系統

(一)緊急電源容量設計

一般設計緊急電源是考慮消防與避難逃生設備爲主，但近年許多旅館會考慮到提供客人更好的服務，增加緊急電源設備的容量。

1.緊急電源供應量至少是契約容量的2／3，有一些旅館設計是可以全載供應，如此電力公司停電時也不受影響。
2.如果可以提供72小時以上的儲油量，是比較好的狀況。
3.所有客房走廊，客用公共區，會議廳及多功能室，餐廳及廚房，停車場，消防總機，防災中心，交換機房，電腦房，話務員室，高、低壓配電室，各重要機房，工程部辦公室，後勤工作區及辦公室，員工更衣間，逃生樓梯都裝有可充放電蓄電池（90分鐘）或UPS的緊急照明。
4.緊急燈供電迴路由發電機供應。

(二)緊急發電機設備

發電機容量除了要滿足消防設備基本需求外，有些旅館會準備供

應空調設備的容量。近年來台電供電似乎比較不穩，偶會瞬間電壓降低或跳電，停電時能夠有足夠的緊急電源供應是旅館必要的課題。在網路訊息瞬息萬變的現代，不能一刻無電，否則影響頗大。在1999年9月21日大地震時的大停電時期，能夠提供緊急電力的香格里拉台北遠東國際大飯店竟然會客滿，可見得設計足夠的發電機緊急電源是很重要的。從台電停電到發電機啓動至供電所需的時間，規定在30秒以內要完成。發電機需要有良好的隔振與防噪音裝置，才不會影響客人。排氣管需要裝黑煙淨化器，以符合空污排放標準。發電機的排氣管煙囪不可以只排放至一樓的巷道附近，那樣對鄰房會有空氣污染與噪音問題（會被開罰單），而一定要排至屋頂不會影響鄰房的地方。

經濟部於2018年提出「需量反應負載管理措施」，對於夏季可以配合降低電力負載的公司，提出優惠，基本上公司自己需要有足夠的發電機緊急電源才能配合。

(三)自動切換開關（Automatic Transfer Switches, ATS）

普通電與緊急電源做自動切換控制並附有機械與電氣連鎖，當台電公司停電時，緊急發電機自動啓動運轉，自動切換開關轉由發電機供電，當台電公司恢復供電時，則自動切換開關轉回由台電供電，電源切換動作需要有一些時間，大約10秒至30秒之間，電源複雜的地方會有一個以上的ATS，有些甚至會達十個以上。ATS是非常重要的設備，要定期檢查測試，工程師要熟悉如何手動操作，以緊急應變。

(四)自動並聯系統

有些大樓有兩台發電機或兩台以上的發電機，而利用自動並聯系統來供應負載。這類並聯盤比較複雜，有些用電腦控制，當停電時，兩台發電機會自動啓動然後並聯，當總負載低於百分之四十時會自動先停一台（可設定），當總負載高於百分之四十八時，另一台發電機又會啓動

後，又自動並聯供電，此種設計雖然較貴，但依長時間來講是比較省能源的。

(五)緊急發電機保養維護

五星級旅館通常是每星期要測試一次發電機，每次約15分鐘，如此比較能維持正常狀況，每次測試時，一定要做記錄。發電機大部分的故障都是電瓶不良，一般電瓶可用3年，時間到時最好更新，最近也有人採用鋰鐵電池，這種電池比較貴（也是免加水），但壽命可達十年，電池故障時會輸出訊號至中控電腦以提醒值班者。

(六)不斷電系統（Uninterruptible Power System, UPS）

不斷電系統是在電網異常〔如停電、欠壓、干擾或湧浪（也稱湧浪電流）〕的情況下，不間斷地為電器負載設備提供後備交流電源，維持電器正常運作的設備。如防災中心、消防用的火警總機、緊急廣播設備、電腦室、電話總機、POS系統（Point of Sale，銷售時點情報系統）等亦必須有UPS不斷電系統，UPS故障時會發出警報通知相關人員。

第二節　照明設備

一、照明視覺設計

從旅館的正門到櫃台、大廳到電梯、樓層的走廊到客房，不同的地點，不同的場合，這種連續的照明，必須非常的調和，目前旅館已可以全面使用各種LED照明。另外，如餐廳及廚房是極端明顯不同的照明方式，餐廳的燈光色溫大約是2700K，而廚房的燈光色溫大約是4200K，這兩地

方的亮度也不同。在建築的平面計畫及實施設計階段時，必須要考慮防止燈光的外漏，也就是不能讓客人感覺到燈光的直接照射（防止眩光）。

其他雖然在設計上有比較複雜的照明方法，然而其最後效果的決定是在現場的調光設備。後場周邊的事務辦公部門、廚房等地方，可以考慮利用自然光源來達到省電的效果。

茲將觀光旅館照明度規格表列如**表6-1**。

表6-1 各種場所照度標準（包含CNS國家標準）

美術館、博物館、公共會館、旅館、公共浴室、美容院、理髮店、飲食店、戲院								
照度 Lux	美術、博物館	公共會館	旅館	公共浴室	美容院、理髮店	餐廳、飲食店	旅遊飲食店	戲院(11)
	—	—	—		—	—		
1500	○雕刻（石、金屬）模型	○化妝室面鏡(11) ○特別展示室	○前廳櫃檯，結帳櫃檯	—	○剪燙髮，染髮，整髮，化妝	○食品樣品櫃	—	—
1000								
750	○雕刻（石膏、木、紙） ○西畫、研究室、調查室、販賣部、大廳	圖書閱覽室，教室	停車處，大門，廚房，事務室	○櫃檯 ○衣物櫃 ○浴場走廊	○修臉， ○整裝， ○洗髮， ○前廳掛號台	集會室，廚房調理房 ○餐桌 ○帳房 ○前廳掛號台 ○貨物收受台	○餐桌，廚房 ○帳房 ○貨物收受台	出入口，販賣店，樂隊區， ○售票室
500		宴會場所，大會議場，展示會場，集會室，餐廳	○行李櫃檯 ○洗面鏡(10) 宴會場所					
300	○繪畫（附玻框） ○國畫 ○工藝品		日室大房間	出入口，更衣室，淋浴處，泡浴槽，廁所	店內廁所	正門，休息室，餐室，洗手間	洗手間	觀衆席，前廳休憩室，電氣室，機械室，洗手間，廁所
200	○一般陳列品，廁所，小集會室，教室	禮堂，結婚禮場準備室，樂隊區，洗手間	前廳，廁所，盥洗室 娛樂室，更衣室，走廊					

（續）表6-1　各種場所照度標準（包含CNS國家標準）

	美術館、博物館、公共會館、旅館、公共浴室、美容院、理髮店、飲食店、戲院								
150	○模仿製品，標本展示，餐飲部，走廊樓梯	結婚禮場，聚會場，前廳走廊，樓梯							
100			客房（全般），樓梯，浴室	○庭院重點照明	走廊	走廊，樓梯	走廊，樓梯	出入口走廊，正門，樓梯，房間內（全般）	放映室，控制室，樓梯，走廊，○後場作業場所
75	收藏室	儲藏室	—		—	—	—	—	—
50			—						
30	幻燈片放映用之簡報室	—						以氣氛為主之酒吧，咖啡廳	控制室（上演中），放映室（上映中）
20									
10								酒廊之座位，走廊	—
5	—		安全燈					—	觀眾席（上演中）
2									

註：(10)以對人物垂直面照度，(11)不含舞台照明
備考：有○記號之作業場所，可用局部照明取得該照度。

二、照明的二線式控制

大樓有許多性質各異的空間，在同一建築物之中。在不同的區位，不同的時段，需要不同的照明組合，使各區位的照明適時發揮最佳效果，可採用這種雙心線爲神經骨幹的新照明控制方式，通常會置於中控室來操控，有需要也可以透過平板Pad或手機來操作。

(一)新時代調光控制新科技

PLC電力線載波通訊（Power Line Communication, PLC）長久用於智慧電表系統，普遍用於歐洲，利用PLC電力線載波傳輸訊號，不必抄表，將用戶用電狀況資訊，透過供電電線傳回電力公司，做為收費依據，精確穩定可靠。

用PLC電力線載波通訊方式來控制大樓、旅館的調光系統，在一組電力線就可以控制多迴路獨立調光，大幅降低配線配管費用，解決配線問題。

(二)PLC LED調光控制系統的優勢

1.不需配置訊號線，一組電力線（L, N +E）就可以控制96個獨立的調光迴路，提供16,384階高解析度調光，大幅降低配線、配管費用達90%。

2.軌道燈換裝PLC LED調光器就可以實現單一軌道多迴路各別調光，適合博物館、畫廊使用。

3.使用Wi-Fi或藍芽連線，搭配手機或平板電腦可以單獨調整每一迴路的亮度。

4.透過專業的情境燈光設定，並儲存記憶，使用者只需按個按鍵就可以得到正確的燈光氣氛，也可以自動定時執行，完全自動化。

5.具有16,384 階高解析度調光，調光精確，即使亮度低至1／10,000（0.01%）仍然精確穩定，絕不閃爍。

6.控制端採用全世界最通用的DMX（RS-485）控制格式規範，與所有燈控系統相容。

7.系統可以控制多達65,536個獨立的調光燈具，單一回路亮度調整。

8.雙向通訊，可以遠端讀取調光器內部資訊，包括電壓、電流、溫度、遠端定址等。

9.具備完整的中央監控功能，多回路同時控制。

第三節　總機設備

一、電話交換機

近年有些大型旅館客房是用傳統電話，辦公室用IP電話（簡稱VoIP，Voice over Internet Protocol，又名網路電話），有些小型旅館是全部使用IP電話通信系統。

IP電話通信系統的電話交換機具有先進多樣化的功能，彈性的擴充架構可以提供旅館各階段的投資及成長需求。

IP PBX就是電話總機，和我們一般看到的公司在用的電話差不多，但最大的不同點是傳統的電話機走的是電話線，而IP PBX走的是網路線，但這個差異可就變出了許多的功能，IP PBX就是電腦化的電話總機，也可外加電話錄音功能，話機安裝方式就像電腦上網一樣。

大型旅館編制有總機話務小姐，有些中小型旅館沒有總機話務小姐，是由訂房組人員兼任，晚上改由前檯人員兼任。

二、交換機及計費系統

旅館交換機主要是電話轉接，並沒有提供計費之功能，此功能是在計費系統上，但計費後需要轉入到旅館管理系統之客房帳系統，可由旅館客房帳系統協助處理相關之收費，再由系統產生收費之動作，到系統自動產生收入之報表及自動拋傳票到總帳。

其基本功能如下（功能需要與廠商核對後確定）：

1.電話帳單登錄計費系統。

2.電話開關及電話帳單登錄系統。

3.計費系統Morning Call介面程式。

三、行動電話節費功能

當分機撥打行動電話時，PBX可視撥打號碼判斷應屬於何種電信公司，並自動經由GSM卡（可置入6張SIM卡），透過相同之電信公司門號撥出，可達網內互打之節省費用功能。

第四節　視聽設備

一、廣播設備

(一)旅館背景音樂系統（Back Ground Music, BGM）

各公共區域如客房走廊、電梯、大廳等配置適量的優質擴音喇叭外，各區亦配置音量控制器，以方便各公共區域，可依個別區域之需求做音量控制，音源可選擇CD或有線音樂（硬碟）（有些是選擇沒有公播權的音樂，否則依照《著作權法》要付給著作權集體管理團體費用）。

(二)旅館背景音樂系統的功能說明

1.具高音質背景音樂。

2.各區域具音量控制功能。

二、電視公共天線設備

(一)旅館共同視訊系統的規劃說明

1.旅館多頻道視聽系統包含有當地第四台多頻道之有線電視節目經混頻放大後，再做適當的訊號分配後，經由同軸電纜饋送至各客房。

2.第四台多頻道訊號斷訊時，可切換至無線台五台（衛星電視）。

3.房客可於客房依個人喜好，選擇電視節目或音樂節目欣賞。

(二)旅館共同視訊系統的功能說明

1.具永不斷訊的優質節目內容。

2.具有多樣化的節目內容供房客選看。

三、VOD電影隨選系統（Video On Demand）

VOD電影隨選系統的優點：

1.1080P HDMI 2.0版（4K）高畫質影音輸出。

2.全功能多種語系操作模式。

3.旅館專屬首頁介紹製作。

4.周邊美食及景點介紹製作。

5.合法電影公播授權。

四、閉路電視（Closed-Circuit Television, CCTV）

旅館的安全是要靠閉路電視系統來完成，在各重要角落安裝鏡頭，以達到警示與追蹤的效果，其影像記錄至少要保存一個月以上。

閉路電視的設備包括：

1.傳統式攝影機。
2.網路式攝影機。
3.虛擬電子圍牆。
4.自動旋轉攝影機。
5.紅外線攝影機。
6.DVR（Digital Video Recorder）數位錄影設備。
7.影像儲存與擷取。
8.遙控鏡頭。
9.戶外型攝影機。
10.Full HD（High Definition）高畫質攝影機。
11.4K（8K）超高畫質攝影機（用在風景或特殊場景，提供客房電視，由客人選看）。
12.隱藏式攝影機（針孔攝影機）。
13.雲端IP攝影機（Wi-Fi Cloud Camera）。
14.監視器42吋、37吋、32吋、27吋、24吋，依照設計有不同尺寸，監視畫面可以16分割、9分割、4分割顯示。

第五節　噪音及振動的對策

一、噪音的來源

旅館的噪音及振動問題非常重要，據瞭解，各家旅館或多或少都會有一些問題，例如：隔壁傳來的噪音，電梯井道傳來的噪音，機房、洗衣房、健身房、廚房、游泳池、外牆、窗戶等傳來的噪音，這些都會造成客訴，甚至有些房間不能賣的問題。首先要瞭解噪音及振動所產生的原因，來對症下藥改善。建築結構音之傳遞路徑請參見**圖6-1**。

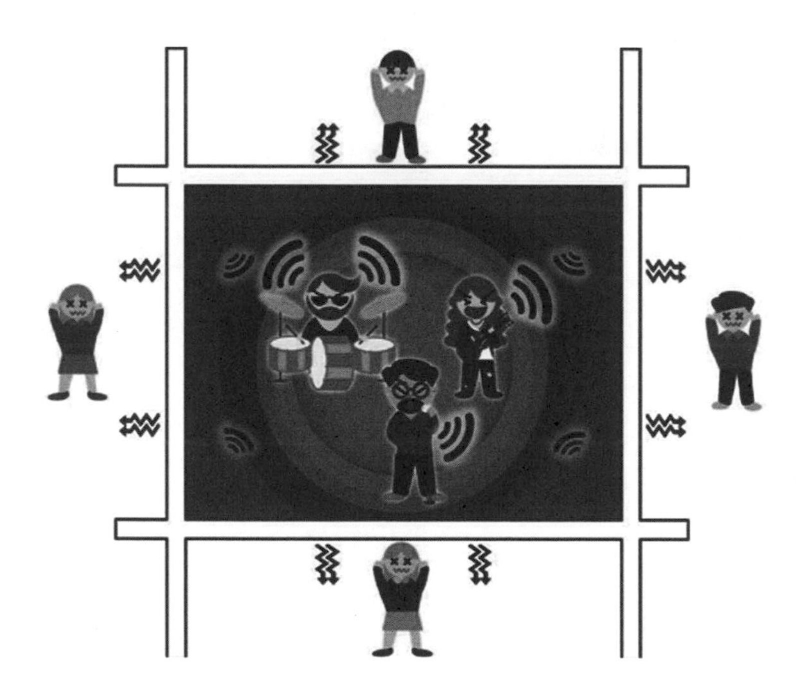

圖6-1　建築結構音之傳遞路徑

二、對策及防音設計

(一)對策

以下幾點，必須在初期計畫階段，就作好周詳的防備（**圖6-2**）：

1.選擇平衡性良好、震動性小的機器。
2.減少機器震動傳導到建築結構體。
3.用某些材料增加機器的重量，減少機器的震動力。
4.機器本身震動的防震及斷震的處理。

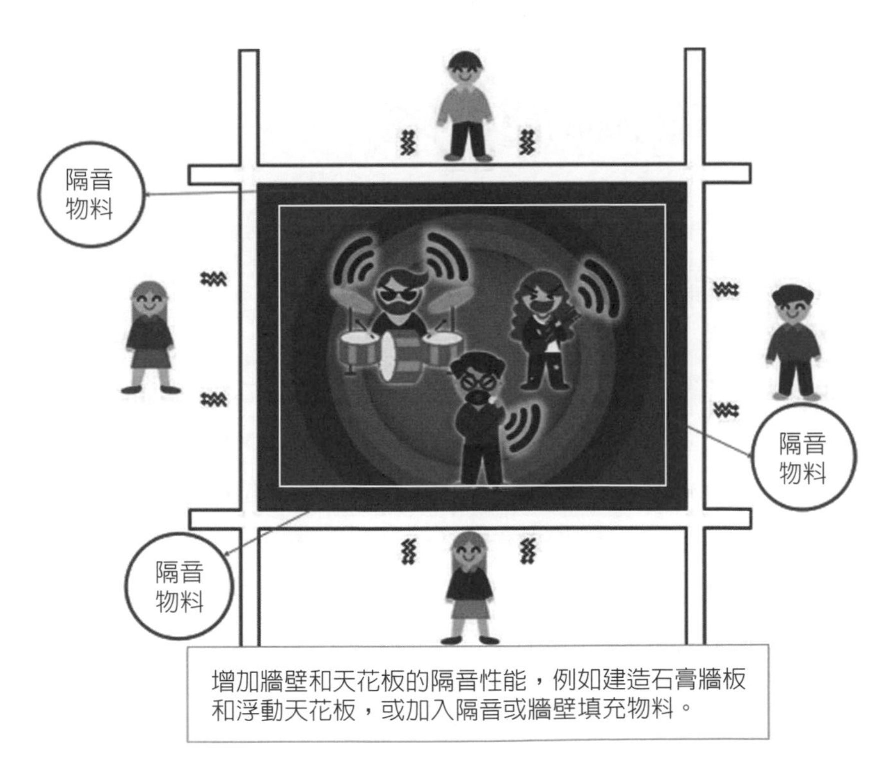

圖6-2　噪音的防治

(二)防音設計

有關防音方面在設計上應注意的要點如下：

1.相關的送風機的部分，應採用平衡性好的、噪音低的機器。
2.必須作機器風管配管的處理。
3.有傳導音源的機器，在裝置時，應該有消音的處理。
4.在風管內加設消音處理。
5.客房內採用有防音、吸音的材料。
6.送氣口及換氣口加設消音的處理。
7.注意浴室的排氣聲音，它可能會影響鄰房。
8.管線貫穿磚牆時必須補洞，不可以留有空隙。

第六節　節約能源計畫

一、節約能源

節約能源所省的錢是屬淨利，在旅館設計時就加入各種節能設計，更可以省時省力。節約能源是全體員工共同的責任，所以必須有單位成本的概念以及營業績效的評比，要知道各營業單位的面積，需要有能源、資源的計量器具，也就是說要有水錶、電錶、空調冰水BTU錶（British Thermal Unit英制熱量單位）、蒸汽流量錶等，所以單位面積的耗能就可以作比較，也可以知道客人的平均耗能。如果說旅館的各營業單位是各自獨立經營，能源的開支就是成本的其中一項，節約能源一定是需要錙銖必較的。所以在選購各項設備時就要採用效率高又省能的產品，用水設備就要選有省水商標的器具，採用空調冷凝水回收及雨水

回收系統，照明設備一定是要用高效率的LED燈具，家電產品要採用有節能標章的產品。

1.各系統設計要考慮節能高效率的設備，有些可能是初設成本高一點，但效率高可以更省錢，大約只要3～5年就回本，這種投資是必要的。

2.空調系統的主機可採用高效率的變頻三螺旋機或磁浮式離心機，冰水泵、冷卻水泵是採用變頻控制，冷卻水塔風扇也需要採用變頻控制，雙效熱泵機除了可產生熱水同時可產生冰水。

3.冬天可採用Free Cooling（免費冷卻）系統（氣溫15℃以下時使用冷卻水系統與板式熱交換器來供應冰水），同時配合智能型中央監控系統，更可以節省能源。

4.廚房的油煙罩抽風機與新鮮風供應風機都要是自動變頻的，依照狀況而變速。

5.廚房與餐廳的冰箱與冷凍庫需要有獨立的冷卻水系統。

6.電梯增設電力回生裝置（梯電力回饋：當馬達在減速時，會有多餘能量可以往驅動器的電容回生充電）。

7.廚房的爐具儘量採用電磁爐（可更省電）。

8.客房的房控採用插卡取電或更進步的紅外線感應控制，達到節約能源功效。

9.在後勤辦公室區的照明除了採用LED燈具外，也要有紅外線自動感應的照明，走道及安全梯照明都可採用有自動感應的LED照明。

10.停車場的設計也要是無人化的智慧型停車場，有自動感應的照明及車位指示燈。

11.在原有玻璃上貼上高隔熱性的高品質隔熱膜，可以阻擋95%以上的太陽紅外線熱能及99%以上的紫外線，隔熱膜具防爆效果，也可貼在浴室玻璃門上，防止發生爆裂意外，該隔熱膜必須選知名可靠廠牌，才會有效耐久。

二、ISO 50001能源管理系統

ISO 50001能源管理系統（Energy Management System, EnMS）是ISO組織新推出的管理系統，其發展於企業熟悉的 ISO 9001品質管理系統與ISO 14001環境管理系統，從P-D-C-A持續改善及行為改變方法〔計畫（Plan）、試做（Do）、檢討（Check）、行動（Action）的循環過程〕，能夠為成功改善企業能源績效的關鍵作法，當然可以持續做好節約能源。

ISO 50001的架構包括了能源管理的管理元素與技術元素，一個有效的能源管理必須呈現與整合這二種元素，亦即包含技術最佳範例（best practices）與管理最佳範例。ISO 50001結合企業管理工具連結能源管理與業務流程所產生的利益，可符合全球客戶日益升高針對降低溫室氣體排放的要求。能源管理系統的認證將可對公司提供一套標準管理制度，每年認證公司會來稽核企業能源績效管理，整個旅館上下都要同心協力來努力完成目標。

三、政府的節能規範

為推動工商業節約能源，應採取促進能源合理及有效使用，減少二氧化碳排放，保護環境，提供專業技術加強能源管理，減少能源之損失和浪費，提高能源使用效率，有效合理地利用能源及使用再生能源等作為。

各縣市對於節能減碳之精神都大同小異，針對不同對象會有不同方法，都市型與工業型區域會有些許差異，但是概念都是一致的，今以台北市為例做為參考。

台北市訂有《台北市工商業節能減碳輔導管理自治條例》，2010年8月11日起實施（自2010年7月1日起為法令宣導期）。自2011年1月1日

起，開始執行現場稽查。2012年5月起針對用電契約達200瓩以上工商業進行法規查核。2013年5月起針對用電契約達100瓩以上工商業進行法規查核。

《節能減碳自治條例》條文規範內容如下：

1.冷氣不外洩：大門裝置具有正常運作可阻隔冷氣外洩之構造物，係指手動門、自動門（電動或感應式）、旋轉門或空氣簾等。

2.冷卻水塔與空調機周圍與出風口處不擺設物品影響氣流循環。

(1)空調機組室外機之空氣吸入口50cm內不得堆放物品。

(2)室內冷氣進出風口之空氣吸入口50cm內、空氣吹出口100cm內不得堆放物品。

(3)冷卻水塔周圍二分之一個塔體高度距離範圍內（塔體高度不含塔座與風筒高度），不得堆放物品。

(4)箱型冷氣機若設置於為配合商場裝潢而設計之百葉門後，不在此限。

3.冷凍主機設備達一定規模者應設置個別電錶並定時巡檢。

(1)經濟部能源局公告之能源用戶裝設中央空氣調節系統，屬非生產性質且冷凍主機容量超過一百馬力者。

(2)個別電錶之裝設所涵蓋之設備範圍係指空調系統之冷凍主機、冷卻水泵、冰水泵等空調機具及設備，並在冷凍主機之電源供應端設有可顯示現況之儀表。

(3)冷凍主機、冷卻水塔進出口溫度與流量係指冷凍主機之冰水進出口溫度與流量，及冷卻水塔之冷卻水進出口溫度與流量。

4.新設或汰換之冷氣機或空調設備應符合經濟部公告之能源效率比值（**表6-2**）。

5.室內冷氣平均溫度維持在26℃以上：營業及辦公場所室內冷氣平均溫度須保持在26℃以上。但因營業屬性有低於26℃必要之場所，經市政府公告者，不在此限。

表6-2　空調系統冰水主機能源效率標準

執行階段			第一階段		第二階段	
實施日期			2003年1月1日		2005年1月1日	
型式		冷卻能力等級	能源效率比值（EER）kcal /h-W	性能係數（COP）	能源效率比值（EER）kcal /h-W	性能係數（COP）
水冷式	容積式壓縮機	<150RT	3.5	4.07	3.83	4.45
		≧150RT ≦500RT	3.6	4.19	4.21	4.9
		>500RT	4	4.65	4.73	5.5
	離心式壓縮機	<150RT	4.3	5	4.3	5
		≧150RT <300RT	4.77	5.55	4.77	5.55
		≧300RT	4.77	5.55	5.25	6.1
氣冷式	全機種		2.4	2.79	2.4	2.79

註：1.冰水機能源效率比值（EER）依CNS12575容積式冰水機組及CNS12812離心式冰水機組規定試驗之冷卻能力（Kcal/h）除以規定試驗之冷卻消耗電功率（W），測試所得能源效率比值不得小於上表標準值，另廠商於產品上之標示值與測試值誤差應在百分之五以內。
2.性能係數（Coefficient of Performance, COP）=冷卻能力（W）／冷卻消耗電功率（W）=1.163EER。
1RT（冷凍噸）=3024Kcal/h。

資料來源：https：//www.moeaboe.gov.tw/ecw/populace/Law/Content.aspx?menu_id=1037

6.白天騎樓不開燈：如距離騎樓地面18cm處量測晝光照度小於100 Lux（勒克斯）始可開啓照明設備（可裝自動時序控制器），且其照度應維持在100-300 Lux之間。新旅館的設計幾乎都採用中央監控自動照明。

7.室內照度不超過國家標準：請參照**表6-1**各種場所照度標準（包含CNS國家標準），旅館以及旅館之櫃檯750～1,500 Lux，客房公區走道75～150 Lux。

8.禁用白熾燈：禁止使用白熾燈，新旅館的設計幾乎都採用LED燈具了。但因營業屬性需要，經市府公告者，不在此限。

(1)禁用白熾燈泡：工商業於廠房及營業辦公場所，不得使用白熾

燈泡做為照明光源。若因特殊用途，無法以其他光源取代者，則不在此限，如冷凍冷藏與電熱烤箱之光源、食物保溫用途以及銷售展示之光源。

(2)裝飾用水晶燈用之蠟燭燈，因屬照明用途亦在禁用之列。

9.提升鍋爐效率：工商業新設或汰換之鍋爐，其總蒸汽蒸發率每小時二公噸或總輸入熱值每小時一百五十三萬千卡以上者，應設置燃氣系統或其他節能之熱交換系統。但氣體燃料供應不足或緊急備用時，不在此限。新設鍋爐都已被要求使用天然氣。工商業之能源管理人員於鍋爐運轉時，應就鍋爐燃燒時之空氣量、排氣溫度、爐壁溫度、排氣中二氧化碳濃度、燃料於鍋爐燃燒是否完全等事項，進行查核及異常調校，並作成記錄備查。

Chapter 7

客房設計

- 客房設計
- 櫃台與門廳設計
- 客房部門
- 員工

無論是商務套房或是頂級旅館，觀光旅館的主要商品為「客房」，通常都以主臥房為重點，旅館主要是提供休息、舒眠的地方。而旅館業是全年無休，如果在籌備期間及基本設計階段沒有做好準備工作，那麼當旅館開業後，客房的地毯、窗簾、壁紙及家具等覺得不適當，想要修改或變更時，就可能花費更大的代價及更長的時間來改變。一個錯誤的決策或判斷，會造成非常深遠的影響，其代價有可能超過房間造價的數倍以上。

為了避免造成空間的壓迫感，旅館在客房設計方面力求簡單俐落，讓家具、咖啡機、電水壺、電視等，搭配燈光、材質突顯物件的質感。將大片明亮的玻璃做為採光之用，讓光線可以照到浴室內浴缸、淋浴、免治馬桶的位置。有些浴室與臥室間，會設計電控變色玻璃，可以改變視覺變化效果，這個材質又稱調光玻璃，是透過玻璃中導電的晶膜，運用電力控制，使其分子重新排列成肉眼可穿透的序列，以達到控制玻璃透明度的功能。抽屜宜採用靜音型滑軌，方便而且靜音的衣櫥門，安靜的自動關門器，可靠的門鎖，門下的自動式下降隔音壓條，智慧、節能的房控與空調，都是設計客房時必須注意的。

客房樓層的基本型房間（亦即所謂的標準房，Standard Room），必須在施作前先製作一間實品屋，也就是俗稱的「樣品屋」，以利徹底地研究改善，盡量地蒐集各方的意見，一直檢討到各方覺得已經沒有缺點了，才可以開始發包施作。有些比較嚴格要求的業主，對於浴室內水龍頭的水管由同一高度的第幾塊磁磚出口，每一間標準房都要一樣，這種對於施工標準要求的精神令人欽佩。

第一節　客房設計

一、觀光旅館建築及設備標準的相關規定

依照交通部觀光局發布的《觀光旅館建築及設備標準》規定，觀光旅館每間客房應有向戶外開設之窗戶，並設專用浴廁，其淨面積不得小於3.5平方公尺。國際觀光旅館的走廊寬度，中間走廊式的是1.6公尺至1.8公尺以上，觀光旅館單面走廊式的寬度一般是1.2公尺至1.3公尺以上（**表7-1**）。

表7-1　觀光旅館客房建築及設備的標準

類別	觀光旅館	國際觀光旅館
單人房	10平方公尺以上「淨面積」	13平方公尺以上「淨面積」
雙人房	15平方公尺以上「淨面積」	19平方公尺以上「淨面積」
套房	25平方公尺以上「淨面積」	32平方公尺以上「淨面積」
浴室	3平方公尺以上專用淨面積	3.5平方公尺以上專用淨面積
走廊	單面：1.2公尺以上 雙面：1.3公尺以上	單面：1.6公尺以上 雙面：1.8公尺以上
備註	1.每間客房應有向外開的窗戶。 2.直轄市100間以上，省轄市80間以上，其他地區40間以上。 3.各客房室內的正面寬度應達3公尺以上。	1.每間客房應有向外開的窗戶。 2.直轄市200間以上，省轄市120間以上，風景特定區40間以上，其他地區60間以上。 3.各客房室內正面寬度應達3.5公尺以上。 4.門廳最低淨高度，不得低於3.5公尺。

一般的旅館單人房的面積約爲25m²以上，比較豪華寬廣的雙人房則約爲45m²以上，套房約有55m²以上，也有家具方面比較豪華的套房，其

面積約爲60m²以上，如果還附有書房、餐廳、兩套化妝室等的大套房，則約100到120m²以上的比較多。

客房設計的次序是浴室、臥室、床鋪等關係位置。一般浴室間的位置設計是靠走廊側（比較容易修理），其通路最小寬度爲80cm。

二、樣品屋

客房的標準樓層的「單人房」及「雙人房」，一般都是在旅館的籌備期間先依照行銷的方向製作樣品屋，然後從設計、施工及營運各方面詳細地檢討並加以改進。所以樣品屋是在籌備期間，不可或缺的步驟之一。

(一)實施階段

樣品屋的第一階段，是依照設計圖以三夾板簡單地先製作內部的各項尺寸，然後於第二階段再以木作爲骨架，作成將來銷售的房間後，再安裝各項器具，如出風口、感知器、撒水頭、空調控制器等設備。相關的電氣方面，雖然是比較簡單的、不需要修飾的，但是照明、插座等，也希望能夠確實地使用。注意插座的安裝是否妥當，開關位置是否依客人的動線而設置，並且易於瞭解與操作。確認出入口的寬度，床鋪與牆壁的距離是否有礙作業。情況允許的話，在第三階段，最後作備品的處理及各項布置工作，測試浴廁設備的排水情形，門鈴、音響是否會影響鄰室，而沒有做到隔音的效果。

(二)實品屋

在建築物完成後，尚未作室內裝修時，在工地現場作出實品屋的感覺，將設計圖上的所有細項做出，包括空調、房控、門鎖、固定家具、活動家具、照明、地毯、窗簾、電視、冰箱、衛浴設備、床、床罩、枕

頭、熱水壺、咖啡機等所有物件，並檢討重點：

1.室內的尺寸、深度、寬度、天花板的高度、出入口的寬度、通道的寬幅、樑、窗簾等的協調。

2.內裝材質、色調、窗簾、床罩、地毯之調和。

3.外牆壁窗的大小、操作性、清潔性、隔音性、窗檯的高度、玻璃結露的防止、靠窗冷氣與床鋪的相關位置、窗簾如何整理與收藏。

4.空調出風口與枕頭方向的調和，下降天花板的底端、柱子、牆壁的轉角的處理。消防器材及照明器具的配置，表面材料將來要更換時的範圍、次序、施作處理。

5.床頭板的安裝、床鋪的高低調整、床鋪與家具的配置。

6.窗簾、紗簾的遮光性能。

7.備品的配置、大小尺寸、擺設。

8.插座、開關的位置、使用方法、隔音的施工檢點。

9.冰箱、立燈、電視、熱水壺、咖啡機的連接配線、供電的位置。

10.空調開關、溫度控制器的位置及操作。

11.房門、房號、門鎖、防盜鏈、貓眼的位置。

12.房門、浴室門的操作性及使用時的防音對策。

13.建築表面的處理材料、家具、備品、設備、內裝的平衡。

14.依照房客的使用，或者房務服務員的打掃、配備所容易發生污損的部位，要作預防、補強或更換時的施作方法的確認。

15.臨時水、電、冷氣冰水等的供應，使得客房眞的可以住人，實際有住宿的感覺。

三、無障礙客房的數量規定

國際觀光旅館、一般觀光旅館、一般旅館無障礙客房數量不得少於

表7-2中所規定。

無障礙客房內應設置衛浴設備空間，衛浴設備至少應包括馬桶、洗面盆、浴缸或淋浴間需有求助鈴等，客房臥室也要有緊急呼救按鈕連線至房務部。

衛浴設備空間應設置迴轉空間，其直徑不得小於135cm。

表7-2　無障礙客房的數量規定

客房總數量（間）	無障礙客房數量（間）
十六至一百	一
一百零一至二百	二
二百零一至三百	三
三百零一至四百	四
四百零一至五百	五
五百零一至六百	六
超過六百間者，每增加一至一百間，應再增加一間無障礙客房。	

四、客房空調、新鮮風、排氣

1.客房空調是要冷、暖兩用，使房間能有除濕效果。
2.採用分離式冷暖空調或是冰水、熱水管路（4管式或2管式）。
3.可以有高速、中速、低速（3速）或是新式直流無刷無段變風量送風機。
4.新鮮風要送至空調機之前（回風的位置），需作風量平衡。
5.排氣是要將廁所及浴室的氣抽至室外（比較先進的做法是利用排氣做熱回收來預冷新鮮風，也就是全熱交換器）。
6.可以採用智能控制。
7.可設計有隱藏式UV光觸媒殺菌燈或裝在風管內（客人離開房間後自動開啓）。

8.採用低噪音風機（直流無刷無段變風量送風機）。

9.可以採用智能VRV空調，手機APP應用程式，智慧手機可以遠端遙控。

五、客房空間整合需要注意事項

1.客房淨面積（不含浴廁面積）。

2.牆面及地坪（材質與顏色）。

3.窗簾（材質與顏色）。

4.照明裝置（節能、造型、色溫要能協調、容易保養）。

5.視聽設備（時尚、耐用）。

6.空調系統（低噪音、容易保養）。

7.衣櫃間（方便、耐用）。

8.床具及寢具（方便、舒適、耐用）。

9.客房家具（方便、耐用）。

10.隔音效果及寧靜度（基本要求）。

11.MINI吧（冰箱）（無壓縮機式、無噪音）。

12.文具用品（信紙、便箋、書寫用具）（環保）。

六、客房檢討（不含浴廁面積）

(一)客廳、臥室

1.天花板高度是否有壓迫感？（最好是2.5公尺以上）

2.是否有書桌？（商務房一定要考慮）

3.是否有可開窗？（為防意外，客人只能開15公分）

4.是否有適當的無障礙房？（依照觀光局規定，需有緊急按鈕）

5.是否適合3C產品使用？（是否有專用USB5V插座）
6.是否有太陽直曬的問題？（需要隔熱貼紙，降低幅射熱）

(二)牆面及地坪

1.地毯是否有防焰證明？（消防要求）
2.牆面布幕是否有防焰證明？（消防要求）
3.大門是否爲防火門？（消防要求）

(三)窗簾

1.窗簾是否有防焰證明？（消防要求）
2.是否有兩層窗簾？（基本要求）
3.是否可以完全遮光（Black out）？（無法完全遮光，會影響睡眠）

(四)照明裝置

1.是否有使用節能燈具（LED）？（發光效率應達100 lm/W以上）
2.是否有使用自動房控系統或節電插卡控制？（紅外線自動控制或房卡控制）
3.是否有智能控制？（智慧手機控制）
4.是否有小夜燈？（可以手動關閉型）
5.照明標準（符合CNS標準）是否可調光？（不閃爍）
6.現在有一種三合一的智能投影燈可以安裝在天花板上，具有照明、投影、藍芽音響等功能（也可以上網），可以用智慧手機將照片、影片等，投影至白色牆壁上，多種功能非常方便（有一面牆須爲白色，供投影用）。

(五)視聽設備

1.是否有智能電視？（隨選電視）
2.是否有獨立音響？（藍芽音響）
3.是否能接電腦轉至視聽設備？（HDMI接頭）
4.是否有藍芽喇叭？（或藍芽音響）（智慧聲控音箱）
5.是否能播放手機音樂、視訊？（手機可投影至電視）
6.是否能接廣播收音機？（收音機附手機無線充電座）
7.是否可無線上網？（無線Wi-Fi）

七、旅館客房設計注意事項

旅館的客房非常重要，各種面向都要考慮周到，以避免完工營運後，發現缺點再來改。

1.要避免噪音及振動：隔壁或樓上、樓下。
2.首先要注意消防、安全問題。
3.室內空氣品質符合環保署《室內空氣品質標準》。
4.空調能滿足客人舒適要求。
5.照明（操控方便）達到客人需求。
6.電力（普通電、緊急電）能滿足客人基本要求。
7.房控（節能、智慧、簡單）。
8.窗戶（防止客人可以全面打開，以策安全）。
9.房門（開、關時不會產生噪音）。
10.窗簾要可以全遮光（電動控制，簡單方便）。
11.喇叭（緊急廣播或播放音樂）。
12.網路（有線或無線，方便使用）。
13.宗教（適合基督教、佛教、回教）。

14.風俗、習慣（衛生、方便）。
15.格調（適合地域或氣候）。
16.方便、舒適（符合基本要求）。
17.各種固定或活動家具不可有尖銳的表面、不會產生噪音。
18.浴室地面要防滑（安全、防止意外）。
19.浴室設施不可有尖銳的表面（所有可觸及物的表面）。
20.浴室設施儘量使用有省水商標的器具（環保、節約用水）。
21.廁所的馬桶要使用靜音型、免治馬桶（安靜、衛生）。
22.保險箱（使用方便）。
23.4K電視（時尚、方便）（8K電視已開始上市）。
24.冰箱（靜音型）（符合基本要求）。
25.浴室吹風機插座要有防止漏電功能（安全、防止意外）。
26.安全型快煮壺（無水或傾倒時會斷電）（安全、防止意外）。

第二節　櫃檯與門廳設計

一、櫃檯的設計規劃

櫃檯是旅館的門面，也是客房部門的中樞，櫃檯就是客房部門的前檯，是房客對旅館的第一印象的地方，因此對客人特別具有意義，所以對於櫃檯的家具、燈具、擺飾品等須整體規劃設計，裝潢應具高品味，有精美之燈具及主題式LED照明，而且色溫柔和一致。

門廳區應有主題式擺飾（精緻鮮花擺飾、藝術品、裝置藝術或文創藝術），天花板、地坪及牆面裝潢與旅館風格要符合，空間寬敞舒適，挑高比例合宜。櫃檯區及出入動線要十分順暢，還可隱密到達後檯辦公區；出納櫃檯下方設計有隱密性緊急按鈕，可通知旅館安全部或是相關

治安單位。

門廳區應設有Concierge服務中心（工商旅遊諮詢）櫃檯等，及充裕之等候空間，舒適私密性的談話休息區，附有館內電話、Wi-Fi等相關網路通訊服務且空間寬敞。門廳區還應設有AED急救設備（250房間以上需要），以及10m²以上專用行李房，並安裝有不同角度的CCTV高畫質攝影機。

訂房組設置在櫃檯辦公室的附近較多。一般小規模的旅館，夜間經理在櫃檯必須兼作電話聯絡及預約業務的工作，通常在辦公室內設置電話交換機。櫃檯的另一種業務是會計，除了特別的情況下，大部分房客的房租、電話、餐飲、洗衣等費用，當客人尚未離開旅館時，通常都是用簽字掛帳的，所以在辦理離開旅館的手續時，櫃檯出納必須很慎重地處理帳目。

大型旅館在櫃檯旁會設置公用保險箱室，通常每25個房間預留有一個保險箱格。保險箱室最小必須爲2.5m²，並設置爲能夠通過強化玻璃窗清楚地看到所有保險箱。爲保險箱區域設置一道由服務人員電磁控制的客用門，另設置一個員工專用門。門必須直接與櫃檯相鄰，並且從櫃檯須可以清楚看到這些門，必須對這些門進行把守，以分別保證客人和員工的通過。在保險箱區與客用區之間，會提供一個操作平台以方便客人操作。小型的旅館，因爲客房內已經設有小型保險箱，所以在櫃檯旁設置公用保險箱室會被省略。

二、大廳（Lobby）

多數人習慣在旅館的門廳酒吧或門廳的咖啡廳，與要見面的人約會，或與朋友暢談。一般公司的人員會利用旅館來洽談事務，酒吧會定時提供音樂現場演奏或表演。門廳固定座位附近應提供USB插座供客人手機充電使用。

第三節　客房部門

一、客房控制系統

整合PMS系統（旅館資訊管理系統）（Property Management System），對各客房的使用（Check in入住，Checkout退房）、清潔狀況、室內溫度、空調動作、照明的狀態等全部集中在櫃台，並且可以由櫃台自由地控制各種設備，如客人不在房間時，或者已經外出時，室內的電視、音響、照明、空調都可以自動關閉，可以節省30%以上的能源費用。有些中央控制的系統結合電腦系統，更可以節省人力，最終達到節約能源，促進防災系統的安全與改善。

(一)無線電通訊

無線電通訊系統在旅館可以說是非常重要的一項聯絡工具，客房部、餐飲部、工程部、安全部等都需要，通常包括下列設備：

1.無線電對講機（旅館裏的許多部門會利用對講機來做聯絡，處理事務）（**圖7-1**）。
2.無線電話（旅館管理系統以旅客的住房登記和退房爲例，房管系統整合無線電，旅客在櫃檯辦理退房時，可透過無線電系統派工，清潔人員整理完畢後再以無線電回報給房管系統，如此可提升旅館業效率，掌握服務品質）（**圖7-2**）。
3.中繼器（大型旅館需要）。
4.天線（大型旅館需要）。
5.無線電主機（大型旅館需要）（**圖7-3**）。

圖7-1　無線電對講機

圖7-2　無線電話

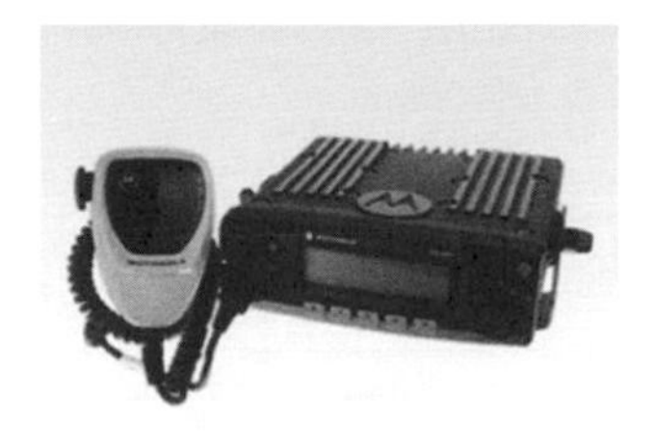

圖7-3　無線電主機

(二)警報傳呼功能（Alarm Pager）

此設備是由三十年前的呼叫器發展而來，現今可將簡訊傳至手機，如果在一定時間內不回報，便會向更高階層人員通報。

1.將系統的報警信號傳送簡訊至手機。
2.可依警報等級區分傳送手機號碼。

近年來智慧型手機的普及，各電信公司基地台的密集設立，因此，如果各員工攜帶手機，使用APP聯絡會更方便（APP是英文Application的簡稱，現在的APP多指智慧型手機的第三方應用程，例如：line或WeChat微信）。

第四節　員工

旅館賣的是「服務」，有形的是指清潔、舒適的客房，美好的睡眠，美味的餐飲，具有特色的裝潢，有效的設備，優良的消防安全措施；無形的是指訓練有素的員工有著親切感與發自內心的微笑，貼心的服務和適當的關懷。假如沒有訓練有素的員工，即使旅館提供了充分的設備，也好像缺少了些什麼東西，所以為了有熱忱服務的員工，更需要有好的工作環境及設備，來提高他們的服務效率。

一、員工餐廳

在台灣，不論大小旅館或餐廳，一定會提供員工伙食，可能是一餐或兩餐，在國際觀光大旅館，由於全年無休，因此不只提供午餐及晚餐，甚至於早餐及宵夜都會提供給當班的員工。提供員工伙食的方式有許多種，也有的旅館或餐廳利用自已的廚房與廚師，順便做餐給同仁。國際觀光大旅館的員工餐廳設計得會像多樣化的咖啡廳一樣，用餐交誼都適合，有大型電視，有圓桌也有方桌，各種飲料，有素食、葷食、生菜沙拉等，甚至還有可以提供員工上網的地方。

二、員工休息室

大旅館通常會有員工休息室，內有一些床位供兩頭班（餐飲部）的同仁休息，或是夜晚需要加班或留守的人員來休息，甚至讓颱風天無法返家的同仁休息之用。

三、員工訓練教室

旅館的員工訓練是非常重要的工作，提供員工訓練用的教室，內有一些桌椅、網路電腦設備、大的螢幕或投影機、喇叭等設備，讓各部門員工做教育訓練用，或是某些部門開會的場所，也可以當作員工面試的場所。

Chapter 8

客房設備

- 客房種類
- 浴室
- 床鋪（**Bed**）
- 家具
- 鎖與鑰匙
- 隔音與遮光
- 智慧旅館系統簡介
- **AI**（**Artificial Intelligence**）人工智慧機器人

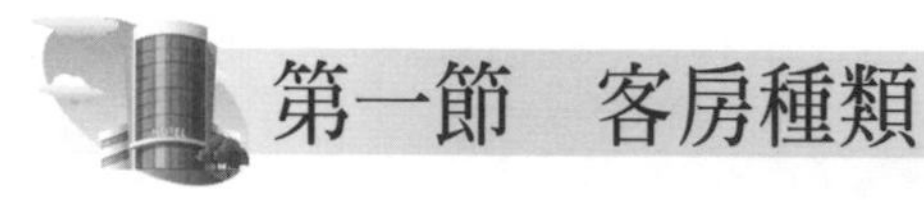

第一節　客房種類

旅館各種類型客房數的占比需要詳細評估，商務客或家庭房都要考慮，空間的大小或是可以有加床的空間都要考慮。

一、標準房：單人房、雙人房

單人房，房間有一張床，供1個人住（房間較小）；單床雙人房，房間有一張雙人床，可供2個人住，適合情侶、夫妻（房間稍大）；雙床雙人房，房間有兩張單人床，可供2人入住，適合朋友、同事（房間較大）。

二、套房（Suite Room）

指房間除臥室外，尚有會客廳、廚房、酒吧等，且面積依功能而有所不同。

一般套房會是普通房的兩倍面積，行政套房會是普通房的四倍面積，如總統套房會是普通房的六倍面積，總統套房的旁邊通常會有一間隨從房，通常在此兩間房外會有一道共用的門作爲管制，總統套房內會設有簡易廚房及大型餐桌，按摩浴缸與三溫暖更不在話下。

套房通常可以提供管家服務（Butler Service），樓層24小時執勤，隨時待命。

套房床的尺寸通常採用較大尺寸，例如：200 cm×200 cm。

三、別墅（Villa）

獨棟擁有私人庭院、花園泳池、涼亭、BBQ區、露天按摩浴池、優雅交誼廳及雙主臥房，是適合親子同樂的度假天堂。

四、依房間與房間之關係位置區分

(一)連通房（Connecting Room）

指兩個獨立房間相連接，中間有門（附有機械鎖）可以互通（供家庭使用）（親子房）。

(二)連接房（Adjoining Room）

指兩個房間相連接，但中間無門可以互通，而外面另有一扇共用的門（供家族使用），此連接房通常會安排在走道的末端。

五、女士樓層（Ladies Floor）

近年來旅館爲了要爭取女性商務或度假客人，會規劃某些樓層房間只提供女士住宿，讓女士感到安全與溫馨，房內擺設方式專門吸引女性客人，確保其人身、財物、心理與隱私等各個方面的安全，並在接待服務的各項細節上感覺受到尊重和理解。女士專屬樓層基本設置：(1)客房內設置緊急呼叫按鈕。(2)配備免費的時尚雜誌、絲綢衣架、髮夾、乳液或指甲油去除劑等。(3)量身定製的送餐菜單，新鮮衛生、低脂肪低熱量、美容保健。

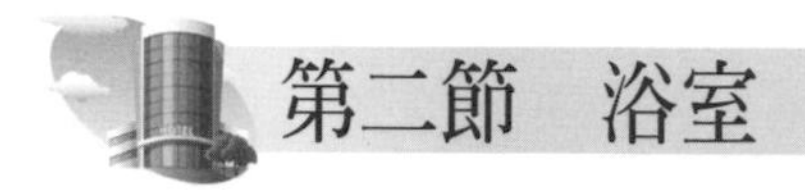

第二節　浴室

一、衛浴設備

浴室是結合給水、排水、通風等設備之場所。旅館衛浴設備可分爲：(1)三件式（洗臉檯、馬桶、淋浴）。(2)四件式（洗臉檯、馬桶、淋浴、浴缸）。(3)豪華型（洗臉檯、免治馬桶、按摩淋浴、按摩浴缸、溫泉浴、梳妝檯等，甚至有緊急呼救按鈕）。

浴缸有鑄鐵、鋼板搪瓷浴缸、玻璃纖維、壓克力浴缸（需有安全扶手）；施作時，除了要配合現場外，並且需要顧及防水、低噪音、備品、配件等複雜的工程問題。目前許多新的觀光大旅館，爲了節省建築及設備裝潢的費用，以及爲了縮短工時、工期，幾乎所有的成品都在工廠製作完成，然後再運送到現場，在現場只負責連接配管、配線等的工作就可以完成了。

爲了節省經費及節省工期，在設計上浴室的管道間一般都與鄰房共同使用。另一方面，當浴室有普通故障時或配管方面的調整修理時，爲了不能讓客房停止使用，因此管道門總是設計在走廊側，以便住客在時也可以修理。同時，因客房臥室與客廳需要充足的光線及給房客良好的景觀，所以一般旅館的浴室總是設計在走廊側。

基本上，在浴室內有洗臉盆或洗臉台、浴缸、獨立淋浴間（需有安全扶手）及蓮蓬頭，且附有防滑墊、省水馬桶、免治馬桶、捲紙器、鏡子、放大型鏡面、梳妝檯、化妝鏡、吹風機、浴巾架、曬衣繩、電話、排氣口、音響、給皂器、照明器具等設備，在馬桶附近設有緊急按鈕，可通知呼救。洗臉檯下的配管要美化，避免房客看到有礙視覺觀瞻的管線。鏡子的大小及位置與照明器具的高度必須適當，否則依照角度的不

同，有時化妝時的顏面太暗無法使用。在狹窄的空間裏，要設計適合人體工學、安全性以及潔淨的衛浴設備。

二、備品

在備品上依各國旅館的習慣或等級有所不同，但是一般都會有水杯、大毛巾、中毛巾、小方巾（各2條以上）、墊腳布、肥皂、牙刷、牙膏、衛生棉袋、垃圾筒、花瓶、浴簾等。但是在台灣的一些國際觀光大旅館，爲了提升競爭力，他們還會提供名牌的沐浴乳、洗髮精等用品。另外也必須考慮到，住宿者在實際使用時，可能會攜帶化妝品或是其他用具等，所以必須預留一些空間在洗臉檯的檯面上，或設計架子來放置。

在台灣的環保旅館、環保旅店，甚至牙刷、牙膏都沒有提供，沐浴乳、洗髮精等也是大瓶裝。台灣環保署統計旅館每年丟棄的牙刷、肥皂、小瓶沐浴乳、小瓶洗髮精、塑膠浴帽、小瓶牙膏等不計其數，還有大量的塑膠吸管造成環境問題嚴重（國外的洲際酒店集團Inter Continental Hotels、萬豪集團Marriott International、希爾頓全球酒店集團Hilton Worldwide、香格里拉Shangri-La酒店集團等都加入減塑、減廢的環保活動）。

第三節　床鋪（Bed）

家具配置的基本，是以床鋪的位置開始。旅館營業的主要商品，是提供住客安全舒適的休息及睡眠，睡眠的是否舒服也可以影響旅館的評價，所以床鋪的性能必須細心地注意選擇。

一、床鋪尺寸

一般旅館會準備有各種不同尺寸的床鋪，提供不同需求的客人。床鋪依照尺寸可分成幾種，詳見**表8-1**。

表8-1　旅館床鋪的尺寸

名稱	英文名稱	尺寸（寬×長）	外觀
單人床	Single bed	110 or 130×200cm	小
雙人床	Double bed	150×200cm	↓
皇后床	Queen-size bed	180×200cm	↓
國王床	King-size bed	200×200cm	大

二、床鋪構造

(一)床墊構造

床墊的內部材料分為金屬彈簧及發泡棉墊兩種。一般旅館都是使用金屬彈簧為主。它除了能支撐身體外，亦合乎人體工學的性能，背部骨骼的正確支撐、振動性、柔軟度、輾轉性都是選擇床鋪的要素。單人房的空間較狹小，床鋪的大小被限制，床頭板也固定在牆壁。目前，許多旅館的工程施作，在客房隔間時，採用乾式的結構（如石膏板），所以為了避免在作床時損傷壁面，床頭板安裝在壁面，常以固定的方式處理。有些旅館會備有一大片床木板，以提供有些客人睡不慣軟床時使用。也有一些旅館會有沙發床的設計，平時是沙發，需要時可以放平變成床。甚至有的旅館會備有電動床，以供長輩或特殊客人需求。

(二)床鋪配件

在設計床單、床罩、毛毯或床座時，兩側必須各加2cm，床尾「腳側」加3cm，頭側床頭板亦加3cm。最近一些國際觀光大旅館，在單人房也使用雙人房的大床，亦即所謂Single Room，Double Bed，這是目前許多觀光大旅館房間大型化的最好證明。因爲一般健康的人，他們的睡眠狀態，在半夜裏至少有多次以上的翻覆動作，爲了能夠有舒適的睡眠以便恢復體力，所以就把單人床改爲雙人床的尺寸。

◆床鋪之基本

1.設有床頭板。
2.設有床座。
3.床墊品質特優。

◆精美之寢具

1.備有羽絨被或毛毯。
2.三層床單或床單加被套。
3.有床飾巾或有裝飾之被套。
4.材質多樣及功能多元之被子供客人選擇。
5.單人之枕頭數量爲軟枕頭及硬枕頭各一個。
6.材質多樣及功能多元化之枕頭供客人選擇。
7.其他附屬寢具（抱枕、墊枕、靠枕及備枕等）。

第四節　家具

依照各大旅館的特性、客房種類等其所配備的家具、備品有所不同。基本上，會要求堅固、不易損傷、不易污染的材料與結構，以及比較耐用的設計爲原則。關於客房內的桌椅尺寸、數量，以及客房的使用和房務員的服務方式及動線，事前都應該與營運單位取得協調才能決定。避免配置一些特殊的物品或使用方法不明的家具。旅館不像在家裏，因此也應當減少不必要的裝飾，讓整個房間容易清潔，容易保養，不易積灰塵，並考慮到人體的活動的方便。另外家具有稜角的部分，必須盡量做成弧形，並且考慮到使用的安全性及家具本身維護的方便性。

除非是國際觀光大旅館，否則一般商務旅館的房間都不會太大。因此家具的配置，一般是結合數種機能而設計，從床頭櫃、書桌、茶几、衣櫥、沙發、床組等家具，來配合客房的型狀，除了家具的配置外，其他如桌燈、立燈、檯燈、床頭LED閱讀燈、天花板燈、插座、窗檯的高度、窗簾長度等相關聯的尺寸關係及使用方法，必須要與家具、室內建築、設備等設計者，謹慎地協調與檢討。雖然在實品屋的施作時，已經充分地溝通檢討過有關電視、電話、各種燈飾、音響、時鐘、數位化空調開關、冰箱等的確定位置，但是家具設計所附屬的裝置或必要的配線、預埋挖孔等，都需要預先明確地標示尺寸與位置，並且補強結構。

標準樓層的客房規格完全一致，並且左右對稱，因此即使用了非常昂貴的壁布、地毯、窗簾、家具等，一般衣櫥設置在靠近客房的出入口處，必須注意不能影響門扇的開關，以及天花板的照明、撒水頭、空調檢修口的位置。活動家具的配置，必須要確認客房的寬度、窗子的寬度等尺寸來施作。特別要注意，工廠製作、現場安裝的家具與建築結構尺寸要相符，桌子與椅子扶手的高度是否會卡住。

客房的衣櫥，除了讓房客放置衣物外，房內的床罩、枕頭亦可放在裏面，所以從客房的整體的備品、使用方法，再決定它的尺寸。依衣櫥門的開啓動作自動開關衣櫥內的LED燈具，需要考慮配線及維修的問題（隱藏型微動開關或紅外線感應開關）。

客房應設有下列獨立照明燈源五區以上：入口崁燈、立燈、書桌燈、夜燈、床頭燈、化妝檯燈、茶几燈、minibar冰箱燈。燈光控制部分應有智慧型控制系統，設有主控制開關（Master Switch）及分區控制開關。

(一)床頭櫃

設置在床頭側的矮櫃，可以放置檯燈、電話、記事紙、原子筆、雜誌等，爲了讓房客在即將要睡覺時，不用下床就可以關燈，因此可以在此矮櫃安裝音響、夜燈、立燈、天花板燈、走廊燈、電視、鬧鐘等開關控制設備。

矮櫃的高度最好高於作完床之後3cm，以避免睡覺時無意識地推落物品。

(二)書桌

書桌是給房客簡便地處理事務或使用電腦、書寫作業之用，一般旅館兼用作「化妝桌」，在抽屜內放置有關旅館的所有餐廳、健身房、夜總會等的介紹，以及市內各名勝古蹟或觀光景點的介紹。通常書桌抽屜內會提供：

1.精美文具用品（需印有旅館名稱）：

(1)便條紙、筆、信紙信封組×3、明信片、針線包。

(2)文具夾（需有設計或旅館logo）。

(3)精美設計之文宣印刷品。

2.提供中外文期刊雜誌2本以上。

3.提供各類宗教經書。

桌上也備有一盞適當的桌燈，有時也用壁燈或吊燈來代替。桌面的材料以不反光而且霧面處理。如果此桌兼作化妝桌使用時，則其桌面的材質，應該注意「酒精系列」的化妝品餘漬會浸蝕桌面材質的問題，玻璃墊也是好的設計。如果是商務旅館，依目前的趨勢，應考慮桌子的大小，以及插座的問題。

(三)茶桌

一般旅館總會提供咖啡或是茶，就算它都是用茶包或是耳掛式研磨咖啡，甚至是膠囊咖啡機，為讓房客喝咖啡或喝茶，便必須準備一張桌子，就是所謂的茶桌，由於熱度的關係，因此其表面的材質應該具有耐熱的性質，如美耐板、合成樹脂漆、大理石等建材，玻璃墊也是好的材料。咖啡機或水煮壺的插座電源是受房卡控制的（客人離房時該插座是斷電的）。

(四)衣櫥及衣櫃等

長期住客較多的旅館，客人的衣物大多有使用有抽屜櫃子來整理的習慣，所以必須考慮到襯衫或其他衣類尺寸的收納（摺疊後襯衫的尺寸，寬約24cm，長約36cm）。衣櫥的門與抽屜滑軌都應是靜音型的，以保持房間的安靜。衣櫥是自動感應的LED燈具。

衣櫃的上方，可能會放置枕頭與床罩，因此也必須考慮它的深度，看看是否足夠，否則衣櫃的門將很容易損傷。

(五)其他注意事項

以上是有關活動家具的基本知識，希望依照各類型的客房之組合，能夠互相共通使用，維修保養時不會影響住客，及提供迅速且經濟的服務，至於家具的主要材料以及表面材料處理，則要求品質統一。需要注意事項包括：

1.衣櫃間之材質及施工品質特優。
2.精美之衣架：配有三種功能（絲巾、褲、上裝）的優質衣架，總數10支以上。
3.衣櫃附設數量充足之抽屜。
4.設置固定式高級保險櫃（可放筆記型電腦的尺寸）。
5.附屬備品：擦鞋盒、擦鞋袋、擦鞋布、擦鞋膏、鞋撐、鞋拔、鞋架、拖鞋、浴袍、浴衣、衣服刷、雨傘、熨斗、熨燙板、洗衣袋、環保購物袋等。
6.設有精美全身穿衣鏡。
7.提供精美之行李架或行李檯。
8.客房內所有家具、設備、器具等（包括裝潢）都必須有價格（定價），萬一有人不當使用則需照價賠償。

第五節　鎖與鑰匙

鎖與鑰匙系統是旅館安全管理上非常重要的項目，既要保證安全，又要在緊急時可以有救災與救人的功能。

一、分類

客房門鎖大致可分成下列幾種：

1.可更換鎖心之門鎖（Interchangeable core cover style）（**圖8-1**）：此種門鎖的鎖心是可以更換的，可以分不同部門系統，通常都用在旅館的後場，同樣地既要保證安全，又必須要在緊急時可以有救災與救人的Master Key功能。

2.客房門鎖（傳統式）：有Master Key可以管控（早期的台北希爾頓飯店是使用美國Schlage key lock system）。

3.插卡式客房門鎖（**圖8-2**）：插入卡片可以讀卡開門，有Master Key卡可以管控。

4.智慧型感應卡式客房門鎖（**圖8-3**）：採用無線射頻辨識（Radio Frequency Identification, RFID），類似悠遊卡，感應卡只要靠近門鎖，就可以讀卡開門，有Master Key卡管控。

5.磁控鎖：利用強力電磁鐵、鐵板塊、內開關按鈕、門禁讀卡機（附密碼按鈕）控制，火警時可以釋放。新型旅館後勤區也有用磁控鎖及員工卡來感應開門，該卡同時也可當上下班感應卡之用，同時記錄時間；另設定有Master Key卡可以管控。

圖8-1　可更換鎖心之門鎖

圖8-2　插卡式客房門鎖

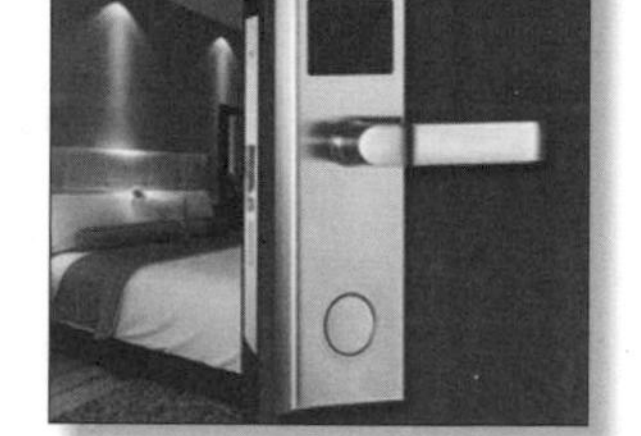

圖8-3　智慧型感應卡客房門鎖

二、旅館後勤鑰匙系統

(一)具Master Key功能鑰匙系統

一般各大旅館的機械鎖系統通常用在後場區域（例如辦公室、倉庫、機房等），茲將旅館的鑰匙系統說明如下：

(二)鑰匙保管

有的旅館交由工程部管理，有些則是由安全部門來管理。

1.全旅館總鑰匙（Grand Grand Master Key, G.G.M.K.）（總鑰匙王）：一把由總經理保管，一把交給值班經理（有些也會交給值班工程師），遇有消防救災時使用（適用24小時）。

2.各部門總鑰匙（Grand Master Key, G.M.K.）：各部門轄下的門鎖，依照權責只能由該部門的主管所保有的總鑰匙來開啓。各部門代號舉例：安全部（Security）爲SGMK，工程部（Engineeering）爲EGMK，財務部（Finance）爲FGMK，餐飲部（Food & Beverage）爲F&BGMK，房務部（Housekeeping）爲HKGMK。

3.各區單獨鑰匙由各區管理人員簽收登記領取，此種鑰匙模板特殊，一般市面上的鎖店是不容易配到同樣鑰匙的。

4.遇有鑰匙遺失無法找回時，可以只更換鎖心、更換鑰匙，以策安全，必要時可以分解鎖心，更換內部組合排列圓銅銷的編碼（需特殊工具），來更換鑰匙。

(三)門房卡管制客房電梯

爲了保障每位旅客住的安全，於每個客梯的車廂中加裝門房卡感應器，進入旅館之旅客需使用門房卡來感應，才能進到指定樓層或健身房等，有效控管進出每個樓層之客人，防止閒雜人等，讓注重隱私與安全的每位客人住得更安心。

三、客房管理系統（Room Management System, RMS）設備

客房管理系統是指客房內部的各種控制，該控制箱通常裝在客房的天花板上，也有安裝在客房內隱蔽的盤箱內，內有總開關、空調控制、燈光控制、緊急呼叫按鈕等的連線。

(一)客房控制功能

客房控制功能包括：

1.燈光場景採邏輯控制，早上、中午、下午、晚上回房燈光控制不同。
2.空調溫度／濕度控制。
3.窗簾控制。
4.天氣／時鐘顯示器。
5.空氣清淨控制。
6.洗衣／餐飲服務。
7.保險箱信息。
8.平板電腦Pad客房控制整合。
9.APP客房控制整合（Application的簡稱，智能手機的第三方應用程式）。
10.中央連線監控功能。
11.客房控制與門鎖整合。

(二)客房控制與門鎖整合簡介

房控系統與藍芽感應卡門鎖已經成功地整合在同一個網路架構下，現在已經可以使用既有的網路來連結房控系統及無線藍芽門鎖，實現

眞正即時連線（Realtime-Online）的系統。現在已進步到智慧手機（具有NFC功能）接收密碼後可以直接感應開門（不須用卡片），而用卡片也是可以感應開門。一方面可以降低安裝建置的成本，並且給客人更好的住宿經驗，另一方面同時讓旅館的營運更效率。NFC（Near Field Communication）指的是短距離無線通訊，這是在手機上相當普及的無線支付、傳輸、感應、通訊應用。

(三)房控與門鎖結合特點

客人用門卡感應門鎖，通訊感測到正確信號會驅使門鎖開門，同時會傳訊號給電腦記錄開門時間，如果將房門反鎖，則在門外的人就無法開門，除非用緊急救急門卡才能將房門打開，以防止意外發生。

- RCU（Room Control Unit）與門鎖之間使用Zigbee通訊方式來傳遞資訊。
- 通訊方式是採用一對一（一個RCU對一把門鎖）。
- 通訊採加密方式進行：符合AES 128bit高度安全加密標準。
- 預先設定燈光模式及空調狀態給房客卡（Guest Key）。
- 更換門鎖電池後自動更新門鎖時間。
- 即時顯示門鎖反鎖狀態（Privacy on / Privacy off）。
- 房門未正常關閉警示（Door left opened）

(四)客房插卡器&門卡

客人用門卡感應開門後，將門卡插入插卡器中驅動開關，會使相關照明亮起，窗簾自動開啓等，離開房間時將門卡拿起，大約30秒後相關照明會熄滅，進入節電模式。

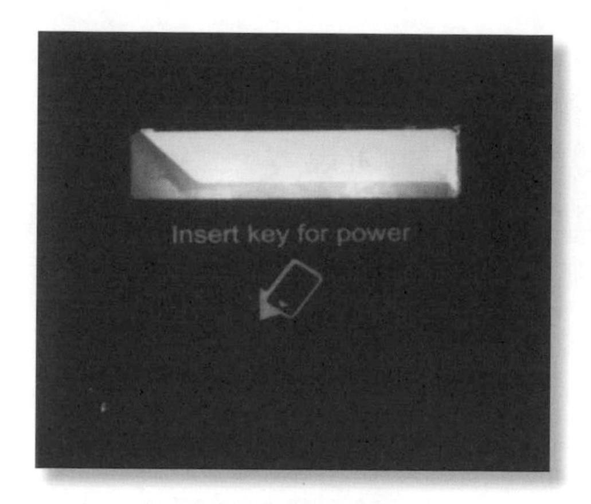

圖8-4　插卡器

圖8-5　門卡

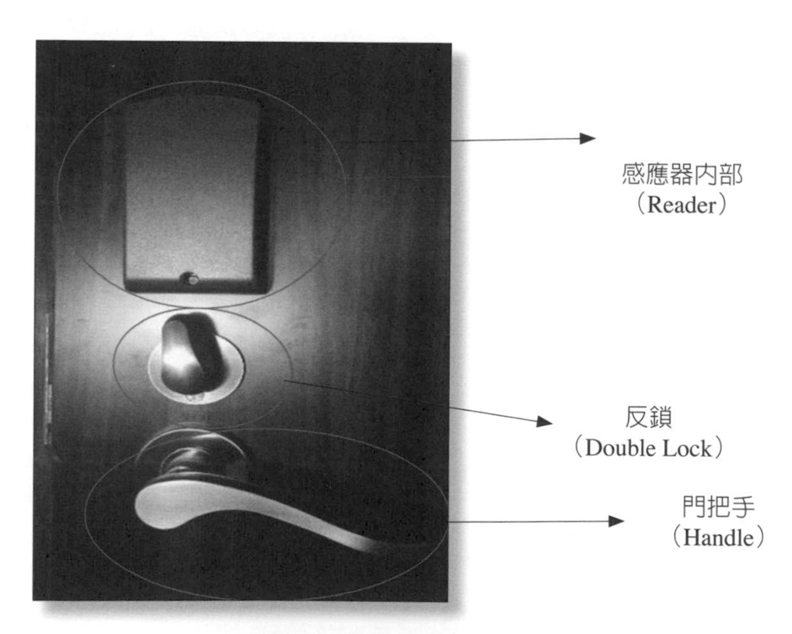

圖8-6　客房感應門鎖（Salto）

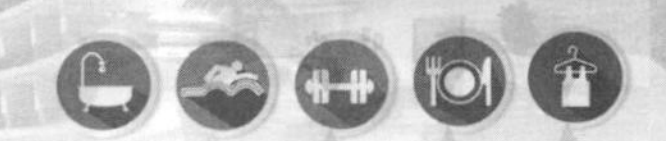

第六節　隔音與遮光

一、隔音

(一)音源

客房是需要安靜休息及睡眠場所，隔音的處理是必要的條件。一般客房需要隔絕從室外傳進來的噪音，也必須防止房間內部的談話聲音洩漏到室外。許多有籌備旅館經驗的人都知道，當旅館完成營業時，住客對旅館的抱怨，以「隔音不好」，使客人因爲睡眠不好最多，甚至替旅館做負面的宣傳，那是很不値得的。茲將影響房間隔音的因素或音源說明如下：

1.客房內部：電視、鬧鐘、背景音樂、空調出風口、步行、衣櫥門、拉或關抽屜、沙發或床鋪彈簧發出的聲音。

2.客房之間：門鈴聲、談話聲、家具移動聲、步行、樓板傳聲從上而下、電視機開的聲音太大、電話響聲、窗簾操作的聲音、背景音樂、房門的開關聲音。

3.公共走廊：鄰房的房門開關的聲音、走廊行人的談話聲、行李車經過的聲音、房務員打掃用車經過的聲音、鄰房門鈴聲、布巾管道聲、製冰機的聲音。

4.電梯：鋼纜的振動、電梯門的開關聲、電梯行進間的振動聲、電梯到樓的鈴聲。

5.機械室：冷卻水塔的聲音、水泵運轉聲、空調機房振動聲、排風機聲、屋頂或上層樓的機器振動聲。

6.廚房：洗碗機的振動聲、物品掉落聲、給水及排水的聲音、餐車運行聲、抽油煙機的抽風聲、洗滌聲。

7.餐飲場所：音樂、樂器、舞池、舞台喇叭設備的聲音。

8.浴室、公用廁所：給水及排水時的聲音、翻馬桶蓋板的聲音、沖洗的聲音、操作門扉及淋浴門的聲音。

9.房間「窗外」的部分：街道路的各種噪音，包括車輛喇叭，警車、救護車鳴笛聲，攤販叫賣等。

爲了防止上面所述的各種噪音，必須從外牆、玻璃窗、隔間牆、樓板、房間大門的門縫、機器設備等方面來考慮隔音的因應對策。一般商務旅館的噪音限制容許到何種程度，並非只是噪音的大小而已，依照音源的種類，以及個人的差別有所不同。以實際的經驗來說，戶外的噪音問題可使用Low E雙層玻璃或較厚的牆來處理，均可達到預期隔音的效果，反而是室內由空調出風口的噪音、走廊的行人步行聲音（應該儘量避免採用走道是磁磚或木質材料的地板，否則易產生噪音）、談話聲、枕邊鬧鐘聲等所產生焦慮的問題。因此相關的聲音、不經意的聲音或音量的大小等必須由周邊的物理性基準值，作綜合性客觀的限制。

在相關的客房內談話、電視、收音機等噪音的容許程度，是以噪音容許值爲設定基準。在設計上，選擇有噪音規定的特性之表面材料、隔音棉填充材料及細部的決定是有很大的幫助。

(二)隔音重點

阻絕可能傳導噪音的來源，例如天花、地板、牆壁。

1.增加牆壁和天花板的隔音性能，例如建造石膏牆板和浮動天花板，或加入隔音與牆壁填充物料。

2.防振隔音地墊，8mm的隔音膠布，5cm厚的水泥粉光。

(三)設計重點

在隔音的設計上，應注意如下的要點：

1.隔間、天花板、壁面、地面的空隙，依照施工性能及將來的收縮，有必要考慮使用高密度玻璃棉填充物料。

2.隔間牆壁使用雙層石膏板，中間再加高密度玻璃棉，平面設計時，避免臥室與鄰房的浴室相鄰共壁。

3.客房門必須是兩階段關門，假如開門角度是90度，關門第一階段大約是75度，第二階段大約是15度緩慢關門（油壓的力量足以確定將門確實關上），避免關門力道過大，形成噪音而影響鄰房。

4.與鄰室共用的隔間牆之插座器、開關器、壁燈、家具等安裝配置，須特別注意。左右對稱的客房插座、接線盒，應當有必要分離錯開，並加高密度吸音棉。

5.客房的臥室，爲了採光，爲了景色，開窗戶是必須的，使用Low E玻璃或隔音氣密窗則是必要的選項。

6.客房門下降式壓條，當房門關上時，門下的頂桿會壓住門框，使得壓條下降至地板或是地毯，以達到隔音的效果。

7.如果與鄰房共同使用浴室排氣管時，應該裝設有吸音效果的導管。

8.樓地板的強度不足，當搬動家具或步行是噪音發生的最大原因，所以舖設厚密的地毯，可以彌補樓地板強度的不足。樓地板的最低厚度要在12cm以上，必要時加設浮動地板。

9.高層的觀光大旅館之外牆常常使用金屬帷幕牆，這樣結構體的樓板，容易有空隙，必須檢討結構體的耐火覆蓋層的施工方法。

10.高層建築的觀光大旅館，習慣上都會在頂樓設置餐廳，地板的構造需要做雙層隔音地板，防止影響餐廳下面的客房的安寧。

11.厚密的地毯對餐廳或酒吧的吸音或隔音有很好的效果。

12.雙層地板對有鋼琴或打擊樂器等的演奏台是基本的「隔音」解決辦法。

二、窗簾遮光

一般傳統有橫拉式窗簾，最近許多大旅館都採用西式的垂直式升降的遮光布窗簾。在大旅館的窗簾，一般會有兩層，一層為薄紗簾，另一層為遮光窗簾，窗戶的上部到天花板即樓板必須有10cm以下的空間。更要注意的是，窗簾上天花板，以及兩側牆面的接合處，是光源的外漏的原因，應要小心地因應處理。窗簾必須要有完全遮光的效果（Black out，不透光），有些客人會因為有光線而無法入眠，因此會遭到客訴。現代許多旅館的窗簾都採用電動控制，配合房控系統可以做到迎賓模式，入住時自動開啓窗簾，傍晚時自動關紗簾，睡眠時關窗簾等不同設定模式。電動控制的窗簾必須選用低噪音而且耐用的產品，否則噪音大會影響安寧，如果不耐用則會增加成本。

窗簾是客房內柔軟性較多的部分，它的材質與色調，必須與床罩、地毯、沙發、家具等協調，因此它除了遮光的功能外，還有美化房間的功用。窗戶的下邊，如果有桌子、矮櫃之類時，要注意窗簾突出的範圍，不要觸及到燈具或飲料。窗簾的作法或式樣，對房間的格調有很大的影響，必須與室內的設計師、專業的家具及視覺設計的專家等協調才作決定。同時要考慮與建築整體外觀的一致，避免各樓層使用不同的顏色的窗簾，更應當注意，必須符合消防法規的規定，依據《消防法》第十一條之規定，防焰物品係指窗簾、地毯、布幕、展示用廣告板及其他指定之防焰，有關選用有防火性能的材料。

第七節　智慧旅館系統簡介

一、智慧旅館的概念

隨著科技不斷地進步，旅館的管理也更人性化與智慧化，除了可以利用智慧手機做許多控制，也可以導入AI（Artificial Intelligence，人工智能）做許多服務。

1.入住無需前檯辦理手續：節約時間，保護隱私（需加入會員制），可利用人臉辨識的方式進出。
2.退房（續住，入住）無需前檯辦理手續，利用手機APP直接退房。
3.免去仲介機構OTA的巨額佣金（OTA線上旅行社，Online Travel Agent）（大約要付12%佣金）。
4.利用客房銷售產品（房內用品、家具等），增加利潤。
5.旅館服務人員可以減少，成本降低。

二、智慧旅館的功能

(一)手機APP直接訂房，無需仲介（OTA）

1.快速預定房間（手機APP和旅館後檯軟體對接，直接訂房）。
2.訂房自由選擇房型和座向。
3.訂房時無需仲介OTA，無需旅館前檯溝通，減少客戶個資洩漏。
4.可以為VIP提供專享優惠服務。

5.可以為VIP提供保留房間。

6.手機 APP介面人性化設計，簡單易操作。

7.不會接觸旅館的核心營運機密，手機訂房時支援選擇房型、座向、樓層，預定成功後由系統自動分配房號及授權碼（授權碼將在入旅館前半小時分配）。

(二)可以遠程控制房客溫度、濕度的高級智慧旅館

1.前往旅館的途中就可以遙控（系統自動計算合理的啓動節能），包括VRV空調。

2.預訂房間的溫度、濕度。

3.提前開啓空氣清淨機。

4.提前打開或關閉窗簾、窗戶（依照季節或日夜狀況有所不同）。

5.系統自動記住客戶上一次的選擇，下次入住時系統自動推薦。

(三)入住方便，使用手機開啓門鎖（同時系統兼容房卡開鎖）

1.無需在前檯辦理入住手續。

2.手機藍芽感應開門，直接進入房間。

3.隱私保護，節約時間。

4.不需要接觸任何旅館人員。

5.入住、退房不耽誤任何時間。

6.服務人員的內容，服務的即時性和完成房間都在後檯自動生成，有效監控員工的作情況，將工作效率提升到100%。

(四)平板（手機）智慧操控房間設備

1.可以躺在床上操控一切。

2.進入房間後使用手機（客房平板）控制。

3.空調（溫度、濕度、定時等）。

4.燈光（開關，調光）。

5.背景音樂。

6.電動窗簾。

7.4K電視機（8K電視已開始上市）。

8.選擇付費電視節目，自動入帳。

9.空氣清淨機。

(五)可變化的場景功能

系統可以提供可變化的場景功能，用戶可以設定個人專用的模式。

1.閱讀模式：關閉電視機，關閉其他燈光，打開閱讀燈，調節到設定的亮度。

2.睡眠模式：關閉電視機，關閉全部燈光，保留衛生間燈光微亮狀態。

3.叫醒模式：設定叫醒時間，自動打開窗簾，背景音樂漸增強，燈光緩變亮。

4.場景的設定可以按照用戶實際需求自行設定。

5.客房控制部分包括：場景控制，單一控制，私人設定（含定時場景）。

(六)旅館社交平台

1.打造浪漫的旅館社交平台，解除旅途寂寞。

2.舉辦派對等集體娛樂活動信息可由APP後檯發送，吸引更多時尚族群。

3.免費發布商業訊息，吸引更多商業人士入住。

4.讓旅館不再只是休息的驛站，更是社交的天堂。

(七)無需回旅館就可以續房、退房

如果要去機場，拿出手機退房，直接離開，假如來不及回旅館續房，手機直接續房，快速方便，一切均可與電腦化連線。

三、智慧旅館系統的五項特色

1.手機自助式入住，手機開鎖、退房，無需前檯登記，節約時間，保護隱私。

2.客房的溫度、濕度可以根據客人的個人喜好，由客人遠端自主調節。

3.物聯網（IoT. Internet of Things）智慧客控系統，面板和手機均可以操控。

4.客房空氣品質可即時監測，智能調節，讓客人安心入住。

5.客房配有AI語音助理（智能音箱），可以回答客人問題、天氣預報、播放音樂、陪客人聊天、回答旅館內相關問題，也能透過聲音控制房內溫度、燈光，以及安排客房服務，房客若有備品、餐飲需求，語音助理配合AI機器人，則會負責運送，不需接觸員工。

圖8-7　手機APP系統整合（客房控制）

圖8-8　Pad系統整合（客房控制）（許多旅館使用pad當智能控制器）

圖8-9　Pad系統整合（電視頻道控制）（多功能使用）

圖8-10　Pad 系統整合餐飲服務（Dining Service）（多功能使用）

圖8-11　Pad 系統整合（Door Camera）（貓眼）

第八節　AI（Artificial Intelligence）人工智慧機器人

目前經營旅館的困境有：(1)客房營收低、平均房價低、平均住房率低。(2)人事成本高、人員流動率高、能源成本高。(3)招人難、管人難、留人難。為因應這些困境，而且由於科技的進步，無線網路的快速發展，促進了人工智慧機器人的研發。目前發展出第一代的機器人，已經成功地在旅館業服務，機器人的優點是可以減低人力，滿足人類對於新科技的好奇，也可以激起人們不斷地競相研究更複雜的機器人，更加擬人化的機器人。2020年新型冠狀病毒肺炎（COVID-19）疫情蔓延時，此種無接觸的機器人，是詢問度很高的設備。

目前人工智慧機器人有人取名為艾朗（AI Run），意思為AI人工智慧Run跑步，艾朗可以實現旅店無人化優質服務的目標。

一、艾朗介紹

名稱：商用智能服務機器人
外號：艾朗（AI Run）
身高：高100cm 直徑50cm
體重：41kg
收納箱尺寸：長27*寬22*高30cm
負重：6%坡度+10kg
移動速度：0.7米／秒（成人正常步速）
待機續航時間：3.5-4.5小時
充電方式：自動回充
充電時間：4小時
平均服務年限：8年

圖8-12　智能服務機器人

二、功能介紹

旅館人員可以透過機器人的觸控螢幕來下達指令，並且利用內建的各種精密傳感器，精確無誤地到達所指定的場所或房間。其功能包括：

1.引領帶路。

2.快遞送物（**圖8-13**）。

圖8-13　具有自動叫電梯，到客房後自動撥電話告知貨已送達

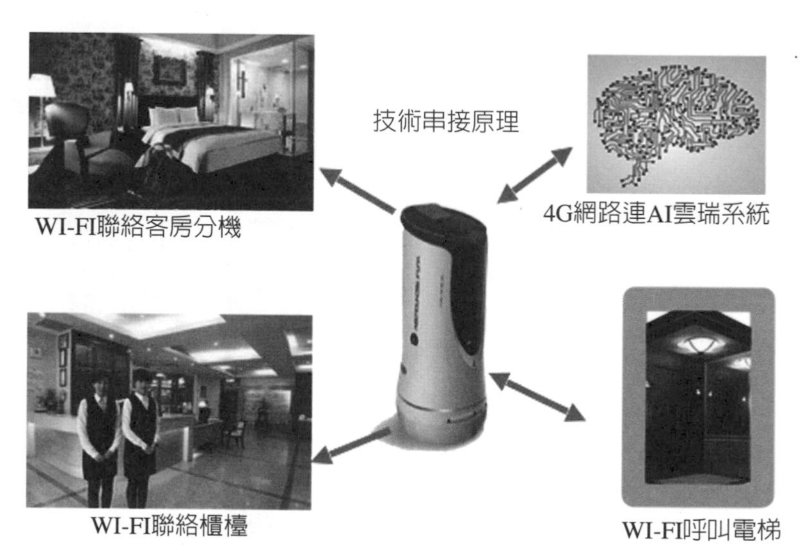

圖8-14　智能服務機器人技術串接原理

3.行銷宣傳。

4.可以採用租賃方式，維修或機器升級全包。

三、艾朗的優點

艾朗的優點包括：

1.安全性高：不會對客人及員工造成威脅和傷害。

2.效率高：大量節省了時間成本和人力成本。

3.精準度高：服務成功率高達98.64%。

透過「艾朗」智能服務機器人應用於旅館場域，不僅提高客人體驗滿意度，同時又增強了旅館管理效率與利潤。特別是在假日期間使用效果非常好，一台機器人在假日最多一日可跑出100多次，平日50次的任務，完整實現24／7全年無休的服務目標。

四、技術強項

自動聯絡電梯與客房電話以及與客人溝通，未來功能可續增。

1.自動呼叫電梯與乘坐。

2.自動撥打客房電話與通知。

3.迴避障礙感知能力：移動迴避感知技術，應用了最先進的雷達導航和室內座標定位技術，可以讓機器人在現實場景的人群中自如通過。

4.自動復位充電。

5.智能簡易語音交流。

6.智能場域掃描地圖。

五、艾朗的需求環境

需要增加聯絡功能以及未來擴增物聯網能力。

1.安裝電梯模組（機房、電梯井頂、車廂頂、電梯按鍵板）。
2.安裝電話模組。
3.良好的Wi-Fi環境。
4.目前4G門號網卡（將來會適用5G訊號）。

六、其他機器人

各種機器人的發展會不斷地研發出來，多功能或擬人化將會更進步，未來將不可限量。

1.服務接待機器人（迎賓機器人）（問候、互動、導引）。
2.行李運輸機器人（行李跟隨）。
3.人臉辨識自助接待櫃檯機器人。
4.自助點菜機器人。
5.送菜機器人。
6.掃地機器人。
7.巡邏機器人（附鏡頭麥克風與喇叭）。

Chapter 9

宴會廳、會議室設計

- 宴會廳、會議室
- 宴會廳廚房

第一節　宴會廳、會議室

一、營業內容

宴會廳及會議室的大小，大到可以容納得下一百多桌，會議室也有十間以上。

許多大旅館，他們的總營業收入中，客房部門的收入約佔65%，餐飲部門的收入約佔25%，其他部門收入約佔7%，其他收入則約佔3%。但是在台灣的都會區，它們的餐飲收入幾乎佔了總營業收入的60%，有些客房收入僅佔總營業收入的40%不到。從這些數據可以得知，餐飲的收入在旅館中的重要性。然而再仔細分析，餐飲收入的60%以上，竟然是宴會廳收入。

都市型的旅館，宴會訂席中心的設置，通常與客房訂房中心有所區別，除了接受電話的預約及網路預約外，還必須負責向客人介紹場地及設備功能的簡介任務，因此有需要另設置豪華的訂席接待室，當客人已經有意要訂席時的一些簽約、付款條件、鮮花的布置、宴會時程的調整等作業等。

宴會廳的大小、裝備及服務會影響旅館的等級。宴會廳的生意不像客房那樣的穩定，而是依照營業的活動會有所變化的部門。因爲有可能在短時間內，歡迎酒會一結束，然後準備晚上的結婚酒席，必須在酒會結束之後，馬上變更場地，擺起圓桌準備下一場的結婚喜宴。

宴會廳的規模、數量、設備之內容，是必須平衡該地區的競爭對象，除了經營者的知名度、募集客人的能力、停車場的設備外，還必須分析該地區的住宿容量、觀光設施，全年的行事曆，有無機關團體、學術機構等再作決定。近年來有些旅館的餐廳取得米其林星級評鑑的認

證，更可以爲宴會廳增添不少光彩，打著擁有米其林經營團隊的招牌，生意更是應接不暇，價碼與營業額也是水漲船高。

在台灣的宴會廳的營業內容與來源可分成下列幾種：

(一)婚宴

近年來婚宴都會採用整套一站式婚禮宴會服務，包括各大品牌在銷售婚戒、對錶、12禮等特定婚禮相關商品（鮮花、化妝、婚紗照、婚禮、禮車、宴席、出菜show、燈光影音show、套房、旅行套裝）。台灣人結婚選日子，會參考「農民曆」來選定適當的日子，俗稱「黃道吉日」。每年的「農民曆」中的「黃道吉日」大約有90～110天。自從台灣經濟起飛之後，想要在「黃道吉日」結婚的新人，必須在半年以前預訂宴會廳，否則臨時是訂不到的，有的時候甚至需要一年前預訂，可見本地人對結婚酒席的重視。

(二)尾牙與春酒

依照台灣的習俗，在農曆年前，老闆總是要宴請所有員工吃飯，旅館業就利用這種習俗作一番包裝，在農曆過年前一個月推出所謂的「尾牙」特餐，有些公司訂不到位置或太忙碌，而改爲過年後2個月內辦理「春酒」來彌補。

(三)謝師宴

旅館的行銷是需要有創意的，由於大家生活品味的提高，因此近年來各大旅館都推出適合各級學生、大學、研究所的畢業謝師宴等活動，期間可以從5月份到7月份。

(四)其他

會展、扶輪社、國際會議、學術研討、周年慶、產品發表、情人節、聖誕節、跨年、除夕及春節聚餐等，都是餐廳爭取生意的重要契機和時間。

二、設計重點

必須不能影響有客房的樓層，要注意梁柱之間的距離、天花板的高度等，以及空間裝修及服務的內容、動線處理。大宴會廳天花板的高度設計會超過6公尺以上，在概念上是在兩層樓的空間來當作單層樓來使用，非常的氣派，但成本上幾乎就是加倍了，在建設的經費、結構計畫等關係上，要考慮設定地點的條件，綜合檢討再作決定。客房是全天候營業的場所，宴會廳則是有特定的時間性。在平面計畫時，必要把客房部門與宴會部門明確地分開。設備系統的裝置如「空調、音響、照明」等，均必須設有獨立系統的設備，才能在運作上發揮出良好的效果。宴會廳與廚房需要裝電錶與水錶，來計算能源成本，每客爲單位的用電、用水量。一般大型宴會廳都設有專用的玄關門廳，在旅館的簡介裏應當有詳細的說明，或在邀請函上註明專用玄關，這種玄關對宴會廳的進出來講，有很大的附加價值。觀光大旅館的宴會廳有些可一次接納60桌以上，甚至100桌以上，因此它的地板必須考慮用防焰地毯，一方面可以吸音，一方面它有防火的性能。

(一)視聽設備

大型宴會廳能提供國際會議視聽設備，包括：

1.多功能之視聽設備。

2.獨立燈光、視聽控制室。

3.隔音效果優良。

4.豪華或特殊氣氛之照明設計。

(二)人流

在設計上安排從玄關進來的賓客，儘可能準時入場，與住宿客人的動線可以明顯地分開（不同電梯），雖然參加宴會的客人在入場時大部分是陸續進來的，但是如果各廳同時間散席時，就會發生混雜的現象。除了有限度地利用電梯及電扶梯之外，另設宴會廳的玄關作爲緩衝地區，必要時再加設一座寬幅的樓梯，來疏散人群，此區的CCTV鏡頭一定要足夠。

宴會廳的門廳玄關是臨時當作接待客人或受理處之用，它的面積至少要有主宴會廳的25～30%。特別是擁有多個不同宴會廳所時，特殊廊道的有效寬幅至少要有5公尺的寬度。而經營者的立場是希望所有的空間都可以作爲營業之用，所以多樣而彈性化的設計會比較受歡迎，但要注意不可違反消防規定。

宴會廳的牆壁，應考慮裝設可移動的活動隔音牆之構造方式，在展示會場或酒會時可作彈性的活動隔音牆利用。

(三)隔音

宴會廳通常依照可訂席人數的多寡及適當的空間，作可變性的活動隔間牆裝置。近年都市型旅館的活動隔音牆（Movable Wall Partition）均採用所謂的單層式隔間牆，可以達到隔音的效果。

宴會廳的活動隔音牆，表面材料選用有隔音效果時，會增加隔間的重量，一般在天花板上裝設重量型多方向滾輪導軌。必須注意底部固定，活動隔音牆的凹凸鋁擠型崁合接點有磁性膠條能夠確保垂直面能夠氣密確保隔音，內部機構可使上下水平隔音膠條釋出，達到無縫隙與良

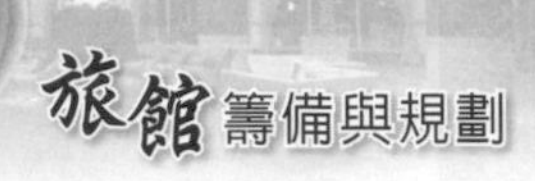

好的隔音效果。在設計上要防止軌道變形，活動隔間的天花板上方至樓地板之間也要做隔音牆的設計，否則會有聲音的傳遞，會讓賓客印象不佳。活動隔音牆的收藏空間一定要寬裕，以免操作碰撞破損，一定要由受過專業訓練的員工來操作（移動時一定要保持垂直），否則很容易造成活動隔音牆的損壞。

三、照明

因利用情況的不同，必要的照度及光質也有所區別，雖然婚宴及一般宴會的平均照度約爲200～300LX以上爲標準，但也要求照明計畫，必須有華麗氣氛的效果。在會議時，要確保照度最低在350LX以上，所以要利用大吊燈及嵌燈作搭配。另外加上舞台必要的個別投射燈具，因爲舞台演出的機會可能會很多，所以要控制這些照明，在大規模宴會場所，必須設置調光控制室或牆面隱藏控制箱，另外在現場的出入口處，亦要有調光器的設計。近年來LED燈光發展進步，除了一般照明採用LED，宴會桌電腦燈也用LED燈，連牆壁、天花都有全彩電腦LED螢幕（甚至還有3D效果的LED螢幕），可以配合場景、聲光、音響將氣氛帶到最高點。

四、音響方面

目前在台灣的各觀光旅館，爲了接受許多的不同宴會，爲了提供KTV設備，大部分的旅館都是與專業公司簽約，由他們提供KTV的設備或DJ。但是爲了各種類型功能的演出上的要求，除了愼選有關音響、播音、影視系統及配合內裝材料，要防止麥克風、音響的回授問題，也有必要與專家們共同研討因應新科技發展。專業的技術人員訓練及有關設備的操作必須作成SOP，否則會影響整個宴會效果。KTV是Karaoke，是一個日、英文的混合名，Kara是日文「空」的意思。KTV從狹義的理解為：提供卡拉OK影音設備與視唱空間的場所。DJ是由Disco jockey縮寫而來的，一般是指在娛樂場用音樂等帶動大家跳舞的人，或是節目（或廣播）的音樂主持人。

五、設備方面

大型會議室的音響設計必須要防止回聲（echo）的問題，裝潢與布幕要有吸音以及具有防焰的功能。舉辦國際性的會議時，必須要有同步翻譯的設備，這些設備是由同步翻譯控制桌、無線耳機收發信機、會場內的操作桌等系統構成的。同步翻譯室及視聽AV控制室是附屬在宴會場所的隱蔽處，必要時在現場的翻譯亦有活動組合桌附加隔屏方式。在大型會議時，也必須要有電控螢幕。無論如何，宴會場所的營運計畫，決定了設備選擇，所以事前應該作好密切的溝通再作最後的決定。現在畫質4K的投影機已經是必備品，最近畫質細緻令人驚豔的8K雷射投影機、亮度高達25000流明的投影機已經上市，很快地就會成為高級宴會廳的必備品。

高級的大型旅館為了配合新聞SNG車的訊號（SNG是satellite news gathering衛星新聞採集的縮寫），在一樓適當的位置施作相關視聽訊號接線箱，連接至大型宴會廳適當位置，方便讓SNG車的訊號連接，以免許多相關電線凌亂而危險。

六、展示方面

行銷單位及宴會部門把宴會當作展場一樣，展式各式各樣的車子、珠寶、名貴手錶，甚至家電、家具、直銷公司產品等，因此當訂席中心接到這些宴會單時，必須注意它們的搬運路線、搬運方法，還有展示時需要用的電源在地面、牆壁配置的提示容量及使用的規範，都必須明文規定。

宴會廳必須有足夠的Wi-Fi供客人使用，也會提供一些USB5V的插座供客人手機充電，這也是一種貼心的服務。宴會廳所展現的是，除了豪華的空間演出及內裝設備外，還有訓練有素的從業人員及提供餐飲的服務。關於宴會場所和廚房的配置，重點是客用的動線及服務的動線要分開，不可以交錯，客人的出入口、料理和服務的出入口，均必須獨立，並且明確地分別設置。要把每位客人看作是未來的常客，不但食物要可口，服務也要好，只要口碑好，自然生意就會源源不絕，能夠做好意見調查，或趁機做相關業務廣告，例如讓客人掃瞄QR code（Quick Response）的電子廣告說明儲存在手機中，可能比印刷廣告便宜而且有效。

七、客用廁所

良好的廁所設計最能表示旅館的等級，客用廁所最好不要分散，而採用集中的方式在一處，比較有效果，男女分開必須依照宴會場所的容量，來決定配備的數量。女士的廁所內需加設化妝室，需要考慮用大型的鏡面，會使廁所的內部空間感覺舒適些，讓上廁所是一種享受，也能順便整理儀容，另外足夠的照明也是非常的重要。

八、儲藏空間

宴會場所必須要有大量的座椅、桌子、大小道具，來解決各種不同使用功能，因此需要有快速收藏、進出方便的倉庫，倉庫門與走道牆壁要加不銹鋼板來保護，否則容易撞壞。雖然大、中、小型的宴會場所不同，但是有關的活動家具、桌子、椅子、活動舞台等應該是統一規格。如此的話，在維修時候，可以共同使用或損壞時可以調用，要注意安全門及逃生通道是不可以被堵塞，否則會影響逃生。

宴會場所設計的特別造型或椅子的表面材料必須是堅固耐用，除了配合旅館完成後整體的氣氛格調外，亦必須考慮在幾年後，各式椅子互相組合的可能性。收納儲藏時，考慮方便搬運以及可以堆疊存放，利用在宴會場所的鄰近地方放置，或同樓層的宴會場所，面積大約是這個場所的20～30%的倉庫。倉庫內為防止灰塵，地板面材用塑膠防滑地板，天花板照明要明亮，除了布置會場的備品、道具、布巾類品外，大型桌面、椅子排列要有足夠的空間來操作。

宴會場所的工作人員，有許多是臨時工或工讀生，由於工作趕時間，所以器具的損壞率頗高，這也是降低服務水準及增加成本的因素，當然請有經驗的臨時工或工讀生及良好的訓練是有必要的，對客人來說，所有的服務都代表是該旅館的品質。

第二節　宴會廳廚房

基本上廚房是要依照HACCP危害分析重要管制點（Hazard Analysis and Critical Control Points）的標準來設計。宴會廳的廚房設計是包含中式爐具與西式爐具，有大型的出菜檯來做分菜之工作，有大型的保溫餐車來保持出菜的溫度，還有大湯鍋、大型的洗碗機、大型的冷藏和冷凍庫。大型宴會要同時供應上千人的餐飲，稍有不慎就會食物中毒，造成重大損失；宴會廳是需要安靜的場所，必須要防止廚房料理、搬運器皿、洗碗機等的噪音，及烹調味道傳到宴會廳會場。

有些宴會廳廚房還會兼做中央廚房的功能，為了要準備大型宴會，必須提前準備食材，預先處理、真空包裝、急速冷凍，保證食物的美味，出菜的準時無誤。有些宴會廳廚房還會兼做自助餐餐廳，人員不會浪費，每天都會有客人，日日都有收入。許多旅館還會推出知名點心或外帶菜餚，以供送禮或自用，以增加額外收入，也有知名旅館推出年節

的菜餚，至百貨公司或超市銷售，增加營業額。

有些旅館還會兼做外燴（Outside Catering）生意，在展覽場或戶外慶典辦活動，基本上也是由宴會廳的部門來負責。外燴的工作需要詳細計畫，來參加的客人可能是外賓或政要，菜牌的說明必須是中文和英文（字體要夠大），也可能需要提供穆斯林的餐飲，所以宴會的細節要小心不能出錯，服務人員必須要有經驗，整個流程必須反覆檢討才會成功，做出口碑，替旅館打廣告。外燴專用的瓦斯爐具或電爐、保溫餐車、照明、音響、麥克風等需要用電的設備，則需要旅館工程部的技術員來配合。外燴結束後的廚房用具、餐具等，也要用車運回旅館的廚房來清洗，工作雖然辛苦，但也是增加收入的能力與方法。

Chapter 10

餐廳設備與其他規劃

- 餐廳
- 餐桌
- 座位與餐廳桌椅安排
- 吧檯、沙拉吧

第一節　餐廳

一般餐廳的規劃，可以分爲裝潢及家具兩大部分。但是在裝潢方面，每個業主的喜好以及設計師的看法也許不同，基本上要讓家具與室內空間互相搭配，更增添風格，而且施工的方法也有所差別。在不同的餐廳需要考慮不同的裝潢材質，例如在日式餐廳設計上，利用自然景色或人工造景，以石、木、紙等天然素材表現，顯示日式韻味。另外桌、椅、天花板的材料均採用檜木皮或純檜木，木格柵、竹簾、屏風也都是區隔客人用餐隱私的隔間方式，此外，也可嘗試帶入現代簡約或規律化的表現手法，讓日式料理空間激發迷人的混搭風情。又例如速食店就必須考慮用一些堅固耐用的地板和桌椅材料，而家具的部分包含桌、椅及備餐檯等，這些都有專業工廠可以配合生產。

餐廳規劃時需要考量的因素有下列幾項：

一、餐廳的種類與烹調

餐廳大致上可做幾種區分：

1.菜色與供餐模式：中餐（江浙、台菜、粵菜、川菜、湘菜）、西餐（西班牙、美式、法式、義式、德式）、韓國料理、中東料理、印度料理、日式料理、鐵板燒、火鍋、自助餐等。
2.基本烹調方式：烤、煎、炒、蒸、煮、油炸等。
3.菜餚供應的呈現方式：自助餐檯、串燒、港點車、牛排現切服務車。

餐廳裝潢會隨著時代及設計師會有不同風格，材料上可能會要求防火、耐燃、耐污、環保綠建材等功能。照明方面會要求可調光以適應不同時段需求，現代的LED照明也都可以做出不同風格的燈具。甚至在宴會廳可做出360度LED的電視牆，以數位化顯示出千變萬化的藝術場景。廚房人員的動線安排和走道寬度都需要有適當的規劃（**表10-1**）。

餐廳的硬體方面除了裝潢要有特色之外，更要有滿足無線Wi-Fi的需求，有些會在包廂或隔間內增加附有可升降的螢幕及投影機，以供顧客做小型會議使用，甚至在有些座位旁裝設插座可供3C產品充電也成了趨勢，爲了安全，CCTV鏡頭的涵蓋範圍也是基本需求。

表10-1 關於廚房動線、通道、推車寬度等的寬度

相關位置	走道寬度
主動線	150～180cm
附屬走道	75～90cm
一般的推車寬度	60cm
一個人搬拿貨物時正面平均	60cm
肩膀的寬距	75cm
主動線迴旋及交叉無礙	最少在150cm以上

二、供餐量估算

餐廳的供餐量需要準確地估計，廣告、媒體、客源、廚藝、公關、服務水準都會影響生意，需要經常開會檢討。供餐量的估計與營業方針互有影響，基本上要依據下列各點來考慮：

1.客座數。
2.座位使用率（翻桌率）。
3.每日供餐次數。
4.食材的儲存量。

第二節　餐桌

考慮餐廳桌椅的同時，也一定需要考慮其相關的空間安排，譬如桌面的大小，椅子的高度，桌子與桌子之間的寬度，或者是桌子、椅子的形狀等等都會直接、間接地影響到餐廳的服務動線及服務品質。在靠牆的座位旁邊會有可供手機充電的USB5V插座的貼心設計，餐桌上可放置餐廳無線服務鈴，提供餐廳即時的服務，能有效安排服務人員，不會忽略客人服務需求，在最省的人力資源下，保證讓客人得到最貼心、最迅速即時的優質服務。

在台灣，一般餐廳的餐桌分有中式及西式兩大類，而在業種及業別上的不同，可分述如下：

一、中餐廳

一般常用圓桌以及方桌兩種。

(一)圓桌

在中餐廳圓形的桌子最為常見，可能表示團圓，也可能表示圓滿，尤其是辦婚宴，一般的家庭對婚宴的要求，桌子一定要用圓桌，表示事事圓滿。隨著人們所得的增加，在餐廳宴客的機會提高，因此許多特別的要求也就跟著而來。譬如，開同學會，16位一桌不夠坐，二桌又太多，所以就要求是否有16人的桌面讓他們可以坐在一起，就如上述，基於消費者的要求，也是基於生意上的關係，各種大小的桌面就應運而生了。從8位的圓桌到24位的圓桌附有電動轉盤，依照餐廳空間的大小都有。有的餐廳在倉庫裏，準備了許多不同大小的桌面，以因應客人的要求。

因此餐桌的設計，就有別於以往的設計，也就是說，餐桌的桌面與桌腳是分開，可以隨時更換桌面。

另外，在習慣上在婚宴的所謂1桌，一般都是坐10位（主桌有可能坐12位的圓桌附有電動轉盤）。除了婚宴外，圓桌也常常使用在尾牙、壽宴、謝師宴等，甚至於類似扶輪社、青商會、獅子會等在開會之後的用餐，習慣上也是使用圓桌。

(二)方桌

在一般餐廳的小吃部所使用的餐桌，大致分有兩人座、四人座、六人座及八人座。如果是長方形的餐桌，四人座尺寸大約在140x70cm左右比較合理。

爲了餐廳服務上的方便，以及讓餐廳看起來更整齊、更寬廣，一般兩人座及四人座的部分，都是使用方桌。但是如果是六人座，則有一些餐廳使用一種摺疊式的四人方桌，桌面下有活動弧形活頁板，翻上來就可以變成可以六人坐的圓桌了。至於八人座的桌子，一般還是使用圓桌較爲普遍。

二、日本餐廳

在日本餐廳很流行用長方桌，而且爲了有一些私密性，餐桌與餐桌之間還用一個高可齊肩的屛風，這樣的景象流行了好幾十年，日本餐廳也流行小房間，它們的座位有六位、八位、十位不等，依房間的大小而定，地板有用日式塌塌米墊，然後中間空一個洞，讓客人的腳能夠放進去，也有像中餐廳一樣的作法，只有在小房間中擺置一張長方桌，然後在房間的布置或裝潢比較有日本味，還有在長方桌的中間特地鑲入一個電磁爐，以便提供火鍋。

三、咖啡廳

自助餐廳或是俗稱的西餐廳，它們的餐桌幾乎清一色是方形桌，而且它的特色是所有的桌子都是正方形的四人座方桌。但是由於它的大小、高低都相同的關係，所以可以依客人的需求併桌，也有搭配四人卡座以及半開放包廂或VIP包廂。

四、義大利餐廳

一般都是正方形的方桌，但是也有用長方桌的，裝潢風格有米蘭風格、托斯卡納風格、威尼斯風格、新古典風格等，義大利餐廳通常會設計半開放廚房，讓客人可以看到披薩烤爐，以及披薩的製作過程，可增添視覺效果。

五、餐桌尺寸

一般餐廳建議的餐桌尺寸整理如**表10-2**。

表10-2　餐桌尺寸建議表

餐廳種類	宴會廳	一般餐廳	高級餐廳
2人	60cm×60cm	60cm×75cm	75cm×75cm
4人	75cm×75cm	75cm×75cm	90cm×90cm 105cm×105cm
4人	60cm×105cm	75cm×120cm	75cm×120cm
6人	75cm×180cm	75cm×180cm	圓桌直徑130cm
8人	75cm×240cm 圓桌直徑150cm	75cm×240cm	圓桌直徑150cm 圓桌直徑180cm
10人	圓桌直徑180cm	75cm×315cm	圓桌直徑240cm

第三節　座位與餐廳桌椅安排

一、中餐廳

中餐廳通常採用圓形餐桌，依大小不同其座位數、桌面的直徑、每座位間隔皆不同，詳見**表10-3**。

至於圓桌與圓桌之間的距離應當保持多寬才算合理，也就是當客人坐下，兩桌客人背對背之間應當還有客人或服務生通過的寬度，所以一般大旅館在擺設酒席時，桌子與桌子之間的相對寬度大約是135cm。

二、西餐廳

爲了顧客和服務人員走動方便，也爲了餐桌及餐椅方便維護，所以餐廳就必須建立標準的走道尺寸（**表10-4**）。

表10-3　中餐廳圓形餐桌的座位安排表

座位數	桌面直徑	每座位間隔
10～12人	180cm	57～48cm
8～10人	165cm	65～52cm
8～10人	150cm	59～48cm
4～6人	120cm	63～54cm

表10-4　西餐廳走道尺寸建議表

	顧客走道	服務走道	主走道
宴會廳	45cm	60～75cm	120cm
一般餐廳	45cm	75cm	120cm
高級餐廳	45cm	90cm	135cm

三、餐桌與餐椅空間相關尺寸

除了餐桌及餐椅維護的目的外，餐桌椅的相關尺寸，對客人來說有相當大的關係，不論是桌子太高，或是椅子太低，或是椅座太淺、太深等，都會影響客人的食慾，以及影響客人的進出，甚至服務生的服務動線。茲分別敘述如下：

(一)一般桌面與椅子座位的關係

一般餐廳的圓桌、方桌，或是酒席的圓桌，依照東方人的體形及身高，桌面高度平均在80cm左右，椅子座位的高度則應當在45cm左右。

(二)卡座與桌面的關係

可能是爲了客源，許多餐廳在餐廳的設計上，喜歡用卡座（**表10-5**）來吸引客人，同時能準備一些軟的背靠墊，對許多人來說是一項貼心的服務。

(三)吧台與其椅子的關係

隨著吧台台面高度的不同，椅子的高度也相對的不同，茲分別敘述其各個尺寸如**表10-6**，表中的尺寸是一般餐廳使用的尺寸，實際的尺寸仍然必須依照現場及眞正的平面圖再作修正。

表10-5　卡座桌面尺寸表

項目	尺寸
椅背的高度	105cm至120cm
椅座的高度	45cm
桌面的高度	75cm至80cm
桌面的寬度	60cm至75cm
相對的椅子背與椅子背的寬度	170cm至190cm

表10-6 吧台與其椅子的高度表

項目	尺寸
吧台的高度	75cm至105cm
座椅的高度	45cm至75cm
吧台桌面的高度	75cm至90cm
吧台桌面的寬度	45cm至60cm
座椅的深度	35cm至45cm
座椅與座椅之間	30cm至45cm

四、餐椅

(一)座位規劃

餐廳有好的餐桌、餐椅之外還必須要有良好的規劃，這樣不只讓整個餐廳的感覺非常的舒適及整齊外，服務的動線及餐後的維護，也會必較容易及更有效率，茲將餐廳座位規劃時的注意要點敘述如下：

1.從消費者的心理及安全感上來看，應盡量將兩人座的位置安排在靠牆或靠窗，有一點私密，又不會被冷落的感覺。

2.當規劃六人座的卡座時，應注意靠內側的客人要離開座位或需要服務時，可能會產生一些困難。

3.如果考慮成本，則圓形的桌子較方形的桌子在製作成本上要高，因為除了在材料上浪費之外，還要加上人工成本。

4.餐桌餐椅的大小、高低、形式要統一，以便彈性變化，譬如客人希望併桌的時候。

5.餐桌餐椅的設計要經久耐用，否則故障率高會增加成本，更有可能使客人受傷而賠償。

(二)餐椅種類

基於餐廳的種類與業別，以及餐廳等級上的不同，故所用的餐椅也有所區別。茲簡單敘述如下：

◆依材質

一般餐廳椅子的材料都用木材，但也有用金屬的，少數的也有用強化塑膠的。

◆依樣式

配合餐廳的裝潢，餐椅的樣式很多。

1.扶手式：一般用在高級的中、西餐廳，或其貴賓室。
2.餐廳式：亦即一般餐廳在用的沒有扶手的椅子。
3.金屬式：它比較屬於耐用型，亦可疊起收進儲藏室，像這種椅子一般用於宴會廳。
4.高背式：它一般用在卡座或者包廂式的。
5.長條式：有些餐廳利用一整面牆，以牆面爲靠背，作一長條形的座椅。此種設計方式在西餐廳常見。
6.高腳式：這種座椅常見於酒吧的吧檯前。

第四節　吧檯、沙拉吧

一、吧檯

基於觀光客的需要，一般觀光大旅館至少都會設置一個酒吧，提供房客飯後、等朋友、打發時間等的一個場所。很多旅館在大廳旁設酒吧，以方便房客。但是在設計吧檯的同時，也應當考慮服務動線及客人感覺等問題。近年來，在靠牆的座位旁邊會有可供手機充電的USB5V插座的貼心設計，充足的Wi-Fi訊號。

茲將設計吧檯時應注意的事項說明如下：

1.設計酒吧的吧檯時，首先必須從人性來分析，平常幾位同仁在面對像會議室裏的一張長條的會議桌時，通常會喜歡聚集在一些角落，所以在吧台設計上，必須考慮設計一些友善的角落。
2.而當設計一個長條且單調的吧檯時，可能會讓一些好顧客，不得不面對牆壁，同時也必須花費很多的費用，去裝潢吧檯的後牆。
3.如果這間酒吧預期它的啤酒會銷售非常好的話，可考慮設計各種生啤酒機。
4.有電視可轉播各種體育賽事供客人觀看。
5.咖啡機是旅館非常重要的設備，一杯香濃美妙的咖啡不但可以提神醒腦，其咖啡的香味也會吸引其他的客人也想要來上一杯；有些旅館會自己購置咖啡機，及不同口味的咖啡豆，維持咖啡的高品質，而旅館的工程部們也要負責咖啡機的維修保養。也有一些咖啡豆的供應商，爲了要推銷咖啡豆，而提供咖啡機給旅館使用，咖啡機的維修保養也由供應商負責，當然咖啡豆的成本可能就會高一些。最近幾年也流行膠囊咖啡機，這種機器很簡單，只要將咖啡膠囊放入機器中，按下鈕就可有一杯香濃咖啡，膠囊咖啡可以有不同口味，甚至還有各種茶的口味，優點是沖咖啡不用任何技術，就可沖出的口味一致的味道，不需擔心咖啡豆放置超過一星期而變味。這種膠囊咖啡保存期還能到達18個月之久，缺點是必須購置特定咖啡膠囊。
6.許多人喝咖啡喜歡配著吃甜點或糕餅，旅館可以推廣知名的甜點或糕餅造成風潮，例如讓甜點或糕餅去參加比賽並能得獎而增加名氣，還可以讓客人外帶或饋贈送親友，甚至可以網購，以增加

收入。

二、沙拉吧

從北到南的自助餐，幾乎到處都可以吃得到沙拉吧，然而當在設計「沙拉吧」的時候，必須先考慮下列幾個問題：

1.是要作固定的，還是活動的：因爲餐廳的空間運用，如果長期不會改變，那麼原則上是可以作成固定的，但是如果餐廳空間的運用常常變動，譬如，偶爾作小吃，偶爾作酒席，那麼「沙拉吧」的餐台用活動的比較理想。

2.用冰塊冷藏或用壓縮機來保持冷度：用冰塊的缺點是，當冰塊溶化時，那些水要如何處理。用壓縮機冷排板的缺點是，它費用較貴，會發出聲音，但優點是不需要時常補充冰塊。

3.碗、盤的組合：在「沙拉吧」所使用的器皿，其實不只碗、盤，還有叉子、湯匙，需要擺在那裏，剛開始要擺多少，都是要事先考慮周全的。

4.餐盤如何儲存：沙拉吧的經營形態，客人所使用的餐盤很多，而餐台的擺置餐盤的地方以有限，因此必須考慮，所需要補充時的餐盤要儲存在何處，補充時的動線才會最爲方便，而且也可以減少破損率；餐盤擺放的地方會有隱蔽的紫外線殺菌燈來加強消毒的效果。

5.是否需要安裝護罩（Sneeze Guard）：由於食物暴露在餐台上，有些人一邊拿菜一邊說話，可能口水就會亂噴，因此爲了衛生，許多餐廳的自助餐檯或沙拉吧餐檯就裝有護罩，尤其在2003年SARS（Severe Acute Respiratory Syndrome，嚴重急性呼吸道症候群）橫行，及2020年COVID-19疫情肆虐時許多餐檯上更是備有護罩。

6.是否需要燈光：有些食物暴露在餐台上，由於餐廳內的冷氣很冷，食物馬上也變冷、變硬，再好的美食也變爲不好吃了。有些餐廳的自助餐台上的披薩檯或烤牛肉檯，就有一盞紅外線保溫燈，直接照射著披薩或烤牛肉檯上，以便保持披薩或烤牛肉的熱度。

7.保溫湯的設備：一般來說，現在市面上的沙拉吧，至少會提供兩種很熱的湯，因爲它都有保溫的設備，大概一種是清湯，一種是濃湯，如最常見的是蔬菜湯以及玉米濃湯。

8.切麵包的空間：爲了讓一些只吃「沙拉吧」就過一餐的客人吃飽，一般餐廳都有提供麵包，但這些麵包都必須由客人自己服務自己，所以就必須提供及設計切麵包或烤麵包的地方。

9.餐盤升降設備：爲了方便客人容易取得餐盤，因此許多自助餐或沙拉吧業者都有自動升降餐盤的設備。

10.餐盤需要保溫：這是一種基本服務，餐廳能夠提供溫暖的餐盤，客人一定感到非常的窩心，上述的餐盤升降設備中就附帶有保溫的作用。

11.點心推車是否需要：有的餐廳爲了提高他們的服務水準，就用點心推車到各個客人的桌前服務，就像有的餐廳自助餐或沙拉吧用餐後，服務生會逐一詢問客人需要什麼樣的飲料，然後由服務生來服務給客人。

12.蔬菜洗滌、魚、肉處理區的水槽供水建議加裝臭氧殺菌系統，比較可以保證沙拉的衛生。

Chapter 11

廚房設備與規劃

- 廚房與建築的關係
- 廚房基本設計
- 空間與面積
- 廚房標準區域與流程
- 廚房設備設計與規劃
- 廚房規劃與其他規劃之關聯性

旅館的餐廳如果能夠經營有方，能得到米其林星級評鑑而摘星，將會帶來更好的營收，而摘星的基本秘方，就是好的食材、精心的廚藝、上菜順序的搭配、良好的衛生、好的廚具、好的餐具、美麗的燈光、優雅的氣氛、貼心的服務，加上令人感動的說明。

一般廚房的規劃設計牽涉很廣，需要搭配的設計有土木施工、水電、空調、消防、瓦斯等，以下就分成幾個功能逐一說明。

第一節　廚房與建築的關係

一、結構部分

廚房常有貨物以及人員進出，是員工的工作場所，用餐時間的工作就像作戰一樣，必須很順暢而且耐用。在建築結構部分的重點有：

1.樓地板承重：廚房最好要有600Kg／M^2之載重。

2.廚房隔間牆必須是磚牆，避免用輕隔間。

3.進貨區有卸貨碼頭及足夠的緩衝空間，還要規劃有餐飲垃圾回收區及冷藏庫。

4.設定廚房的高度：樑下不可低於3.5m。

5.廚房進貨須留3m寬的進貨通道，進貨及垃圾回收最好是分開動線，以避免污染。

6.廚房地板需有防水功能。

7.後場區需有服務電梯。

8.需有專用管道供煙囪與排油煙風管專用。

二、排水系統

廚房必須設計良好的排水系統，有些會有排水溝，有的則不設計排水溝，各有不同論調，也各有優劣點，廚師的習慣也有所不同，重點是要使作業簡單，而且能保持衛生。

1.廚房區域需設置25cm寬、深度10～18cm且有洩水坡度的不銹鋼排水溝（如果能預先降版施工會比較優，否則需要墊高地板至少20～25cm用來施作不銹鋼排水溝）。
2.廚房排水末端要接油脂截留器，比較講究的大型旅館會在地下室另設置油水分離機來處理廢水，最後再排入衛生下水道系統。

三、空調、排風、新鮮風系統

廚房必須有適當的空調、油煙罩排風，以及適當地補充新鮮風。

1.廚房區域需設置適當管道以提供空調、排風、新鮮風系統。
2.廚房與餐廳之間的空調風壓比要注意維持在廚房是有點負壓，廚房爐灶上方的油煙罩旁邊要有出風口，能補充80%新鮮風，以免抽出過多的冷氣；排風機與新鮮風機需要有變頻同步調整，配合小火慢燉或大火快炒，以節約能源。
3.廚房排油煙需要有水洗油煙罩處理、靜電油煙處理設備、UV-C紫外線除油煙設備（甚至活性碳除臭），以符合《空氣污染防制法》。
4.廚房排風機要採用低噪音型的機種，以免超過《噪音管制法》的標準。

四、消防相關

廚房內是最有可能使用火的地方，所以會有消防的問題，必須要注意。如果餐廳是有開放式的廚房，如果只使用電磁爐（沒有明火），防火區劃是可以不包含在內的，廚房看起來比較清爽簡單。廚房的相關消防設備包括：

1.廚房與餐廳間的防火區劃、防火門、防火捲門等。
2.廚房區域瓦斯警報、火警探測器、撒水頭、廚房油煙罩簡易滅火系統。
3.廚房區域緊急排煙系統。
4.廚房室內消防栓、逃生標示設備、緊急照明設備、滅火器、緊急廣播設備等。

五、水、電、瓦斯

廚房的能源及水的供應要充足，電壓一定要充足，否則設備容易故障，水質的衛生會影響餐飲的品質。重點項目包括：

1.瓦斯、自來水、熱水、蒸汽。
2.電源：可分成單相（120V）、3相（208V/220V/380V/440V/480V）等電壓。
3.生飲水系統。

六、設計上的要點

要符合HACCP標準，基本要求就是衛生，防止病媒蚊、蒼蠅、蟑螂、跳蚤等，基本重點有：

1.如何防止微生物、污染物及異物之混入。
2.保護其內部加工、包裝、儲藏的食品不受到污染。

要依未來餐廳的型式決定爐具：

1.經營行態：自助餐、單點等。
2.座位數。
3.單獨廚房或是有中央廚房搭配。
4.動線。

七、符合食品的安全衛生規範考慮原則

廚房要求符合安全衛生的基本原則，才能保證食物的衛生，基本重點有：

1.應有足夠空間安裝機械設備及儲存原料。
2.把可能污染食品的作業區隔、隔離。
3.應有適當照明。
4.應有適當換氣（新鮮風）。
5.應防止有害小動物（蟑螂、老鼠）的侵入。
6.應防止微生物（黴菌等）污染。
7.應防止產品品質惡化（溫度影響）（需有適當的空調）。
8.其他（員工有良好的訓練）。

第二節　廚房基本設計

一、廚房的衛生

廚房天、地、壁的設計都要容易保持乾淨、衛生、安全，其重點包括：

1.有天花板，可減少落塵。

2.充足照明，才能看清楚。

3.最好不要有明溝，減少藏汙納垢。

4.如有明溝，也要是不銹鋼製（不會生銹）。

5.牆壁為白色磁磚或不銹鋼（容易清洗）。

6.地磚為淺色防滑型（比較安全）。

7.牆壁與地磚交界處為圓弧型的角磚（**圖11-1**）。

8.地面要容易保持乾燥。

9.地面不能有門檻，推車容易進出。

圖11-1　圓弧型的角磚

二、廚具等的選擇

廚具選擇的原則是簡單、安全、耐用、容易保養，其重點包括：

1.廚具最好是不銹鋼製。
2.進出廚房的推車最好是不銹鋼製，車輪爲PU聚氨酯製，比較不會卡污垢。
3.廚具要有捕蠅燈。
4.廚具要有紫外線殺菌燈（隱藏型）。
5.冷凍、冷藏庫板最好是不銹鋼製並附溫度監測（信號傳至中控電腦）及警報。

三、廚房設計規劃基本原則

廚房設計需要簡單、安全、耐用，其重點包括：

1.動線流暢：乾濕分離、進出分區、避免交叉污染。
2.安全衛生：符合職業安全衛生法規。
3.經濟效益：設備選用符合經濟性及耐用性。

四、HACCP（危害分析管制）

危害分析管制（Hazard Analysis and Critical Control Points）是一種以科學爲依據，以預防的觀念來降低食品危害風險，是交通部觀光局鼓勵星級旅館評鑑的認證指標。有些旅館也會申請ISO 22000食品安全管理系統的國際認證，所以旅館廚房的設計，一開始就以HACCP或ISO 22000的標準設計，就可以表現正確的大格局，對於日後的營運管理，比較能夠有一套衛生標準。

五、HACCP主要需考量之因子

硬體設計要求包括：人貨分流、生熟分區、淨污分管。簡言之就是人流、物流、氣流（新鮮風／排風）。軟體教育訓練包括：分層負責，層層節制。簡言之就是各司其所，各盡其責，確保食品及人員不會造成交叉或二次感染。

HACCP主要需考量之因子包括：

1.工作動線的規劃，區分食物現狀。
2.冷、熱、乾的食材分開儲藏的方式。
3.分開儲存，合併供膳。
4.水槽的設計需區分爲食物準備用、清洗手部用、洗淨生食用、清洗器皿用。
5.員工人數及適當的員工更衣間。
6.清潔的方式：確認清潔用品及清潔劑有特別分開管理。
7.垃圾的分類管理、餿水低溫儲存管理。
8.污水管理：油脂截流槽不可設在處理區，水溝不可有停滯的排水。
9.地板、牆面、天花板工程的材質必須適合食品的操作，容易清潔，並且不會造成二度污染。
10.地板必須用防滲漏瓷磚，不可爲光滑面，不可爲吃色材料。
11.地板最後完成面必須爲不容易積油且容易清洗。
12.地板踢腳板處必須爲25mm圓弧收尾（容易清洗、不易積水）。
13.瓷磚地板在烹煮區必須採用耐高溫材質。
14.不可鋪設防滑地毯等材質。
15.確認所有牆面及天花板工程，不可有粉刷層剝落而造成食品安全的污染。

16.材質必須防水、防油脂、易清洗。

17.建議使用耐高溫的磁磚或是不銹鋼板製作。

18.牆面盡量使用磚牆做隔間，不可有縫，否則易孳生蟑螂。

19.天花板必須是耐清潔劑清洗之材質，所有天花板之設施必須加蓋，如燈具、消防撒水頭、警示燈；不可使用固定式天花板。

六、空調系統

廚房設備必須設置油煙罩及簡易式消防系統。

廚房區域爲負壓空調，所有進氣必須有防蚊蟲過濾裝置。

廚房溫度保持在20℃～25℃之間，但是肉房、海鮮房、蔬果處理區空調溫度應保持在15℃左右。

七、燈光照明系統

盡可能讓廚房局部或全部區域有自然光之投射，不能有眩光（避免刺眼）。

乾倉區所需亮度爲110～150 LUX。

洗碗區、洗手區、員工廁所亮度爲200～300 LUX。

食物準備區、烹煮區、備餐室亮度爲500 LUX。

燈具之設計爲附蓋式；燈具須考量防潑水功能，光譜色澤採用自然白光。使用LED不閃爍燈具。

八、冷、熱給水系統

1.洗手槽必須供給溫水（水溫必須達到40℃），清洗時間必須超過一分鐘。

2.清洗鍋具區域消毒用的熱水溫度必須維持在77℃。

3.未處理過的自來水只能做清潔用，所有與食品接觸之水必須過濾後才能使用。

4.使用在沙拉生食之區域，給水必須達到生飲標準要求。

九、排水系統

1.廚房必須設置排水及地板清洗排水的設備。

2.排水溝的設置越短越好。

3.排水幹管與設備連接，請勿直接連接生活廢水處理槽。

4.每個廚房必須設計一個油脂截流槽，不可設置在食物準備區、烹煮區及走道上（大型油脂截流槽或油水分離機，建議設計在地下室比較不佔空間）。

5.廚房系統中必須設置廢油處理儲存區，不可將需丟棄之食用油，直接倒入排水系統，否則可能會超過衛生下水道排放標準（30ppm）而被罰款。

6.排水及油脂截留槽需留適當空間，設置油脂截流處理室或油水分離機房。

十、其他

1.所有食材儲存的方式必須離地10cm、離牆5cm。

2.確保所有廚房的二大動線（乾淨動線及回收動線）必須分開。

3.洗碗機必須符合美國NSF（National Sanitation Foundation）26-1980 & NSF3-1996的規範：(1)清洗溫度需超過60℃。(2)洗淨消毒溫度必須超過77℃。

4.廚師離開廚房時，必須將外套放置在儲衣室內，才可到另一工作區域。

5.開放式取餐台必須設置防口水罩。

6.開放式廚師工作時需戴口罩或防口水罩。

7.蔬菜、魚、肉洗滌處理區的水槽供水，建議加裝臭氧殺菌系統。

十一、餐務（Stewarding）工作

餐務部的工作非常重要，所有廚房的清掃，油煙罩、爐具、鍋具、廚具、餐具清洗、儲存管理，廚餘與垃圾清理，餐具破損率控制，玻璃杯檢查，除了要不能有缺口之外，還要做到不能有指紋印，銀器要打磨以保持光亮如新。

許多旅館的夜間廚房清潔，油煙罩、爐具清潔，垃圾收集至垃圾壓縮機，廚餘放進冷藏庫等工作都外包給清潔公司，但也很容易造成爐具因不當清潔而容易損壞，有些夜間清潔公司也需要負責清理截油槽或油水分離機，這些油脂一定要被撈起來集中，絕不可貪圖方便將之沖入水溝，否則可能會超過衛生下水道排放標準（動物性油脂30ppm）而被罰款。如果屢次無法改善，則衛生下水道的總排水閥會被衛生下水道工程處封閉，直到問題被改善爲止（此段時間等於是停業）。

餐務部還要負責廚餘與廢油（油炸油）的收集與清運，交由合格的廠商清運，並以網路傳輸方式申報廢棄物之產出、儲存、清除、處理。

廚房裏有一個很大的問題是害蟲（蒼蠅、果蠅、蟑螂、白蟻、跳蚤、老鼠等），這會影響衛生及旅館形象，這些害蟲是會亂跑的，如果出現在餐廳，後果會更嚴重，假如媒體報導，衛生單位會來稽查也會罰款；病蟲害防治（Pest Control）大約每2～3個月要消毒（煙燻或噴灑殺蟲劑）一次（依蟑螂出現的狀況來調整，大部分是夜間打烊後），消毒是與客房同時，以防害蟲亂竄，餐務部門的人員須配合，消毒時有些廚具需遮蓋，消毒（殺蟲劑）的用藥是對人體有害的，最好是將餐具重洗一遍比較安全。

第三節　空間與面積

廚房的設計，首先要注重其安全性。因此在設計規劃中，應考慮人員在使用過程中，設備、環境是否符合安全，例如避免設備有尖銳角的設計，地面要有防滑設計，空調與新鮮風設備，排水溝及截油槽、油水分離設備，使用安全性較高的電器設備，滅火設備是否符合或優於法規，爐具、冰箱、烤箱，煮飯鍋、煮麵機、製冰機、工作檯、洗碗機、抽風機，水洗油煙罩、靜電油煙罩、火警偵測、瓦斯警報、防火區劃、防火捲門等等，以確保工作人員在使用過程中的人身安全。

一般廚房的面積都相當有限，大多與餐廳面積不成比例，所以餐廳與廚房規劃設計中要注意餐廳與廚房之佔比：廚房面積佔1/3、餐廳面積佔2/3（**圖11-2**）。廚房內部面積規劃佔比則是伺服區15%、準備區15%、儲存區15%、備餐室10%、烹煮區30%、洗碗區15%（**圖11-3**）。廚房能源消耗比率估計如**圖11-4**。

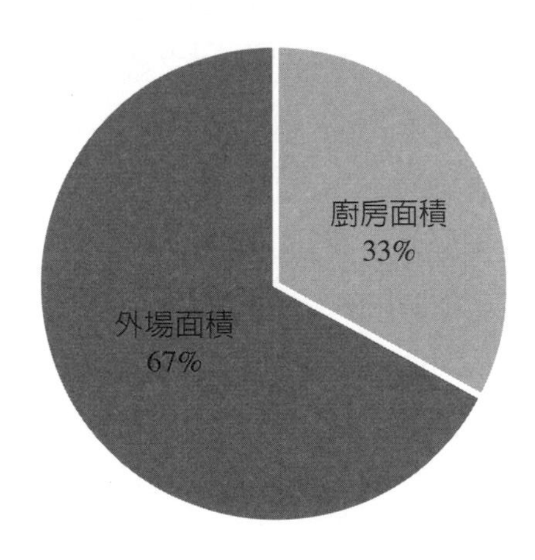

圖11-2　餐廳與廚房之佔比

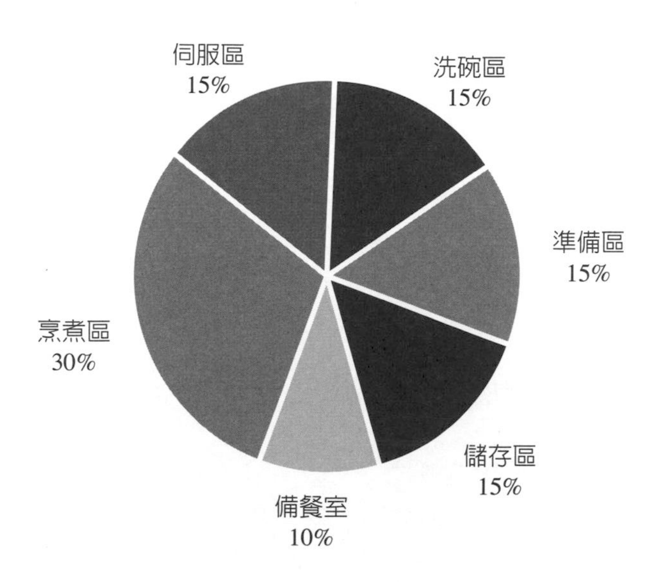

圖11-3　廚房各區域之佔比

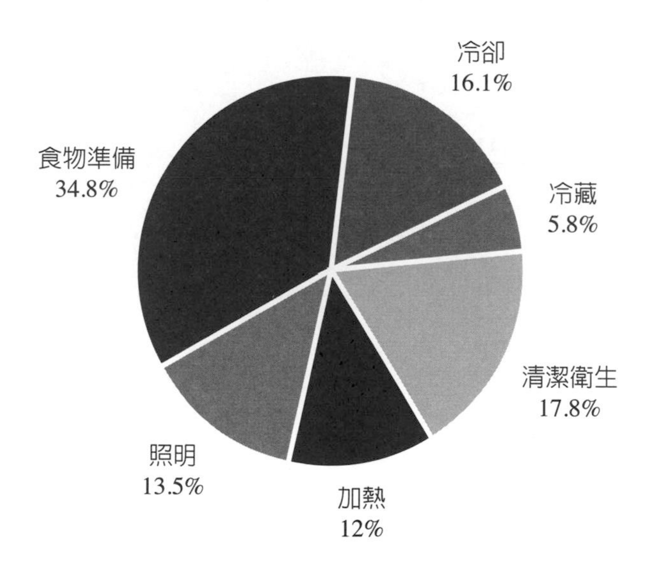

圖11-4　廚房各區域能源消耗估計

第四節　廚房標準區域與流程

一、主要區域

廚房可分成下列的幾個主要區域：

1.各種進貨「驗收區」。
2.儲存區：包括冷凍、冷藏區，乾貨區，器皿區，清潔用品區等。
3.生鮮食品準備區：包括肉類、海鮮、蔬菜、水果等的準備區。
4.烹調區：包括點心房及麵包房。
5.供餐及備餐區。
6.洗滌區：包含鍋、烤盤、垃圾桶及推車等清洗區。
7.垃圾儲存區。

二、需要考量的因素

在討論各區時，有幾個共同的因素是必須要考慮的：

(一)供餐的方式

如果以「菜單」來表示的話，在台灣，一般有下列幾種：

1.中式：有台菜、湘菜、粵菜、川菜、江浙菜等（或統稱中餐廳）。
2.西式：法國菜、義大利菜、美國菜等（或統稱西餐廳）。
3.日本菜、韓國菜、印度菜等。
4.綜合無國界料理。

(二)供餐的人數

包括實際各餐廳的消費人數、動線及方式等。

(三)菜單上菜式及數目

如菜單上列有冷盤、海鮮、肉類、青菜、湯等五大類，然後每一類又有幾種菜色。不同的菜式就可能需要不同的烹調設備。

(四)食物及佐料來源

食物及佐料是從廠商處購買已處理過的物料、佐料，或是買進來的材料需經由廚房後場的處理。

(五)廚房後場

後場設備的性能、容量及配置，以及後場與前場的距離，是否在同一樓層或是以中央廚房的方式供應。

(六)廚房工作人員的數目

必須依照廚房的空間及設備數，以及供餐數而有所不同，可搭配有經驗員工與實習生，需要有標準作業流程。

三、各區域流程關係

每個區域都要互相關聯，流程有順序而且流暢，分工合作避免牴觸。標準後場各區域與流程的關係如**圖11-5**。

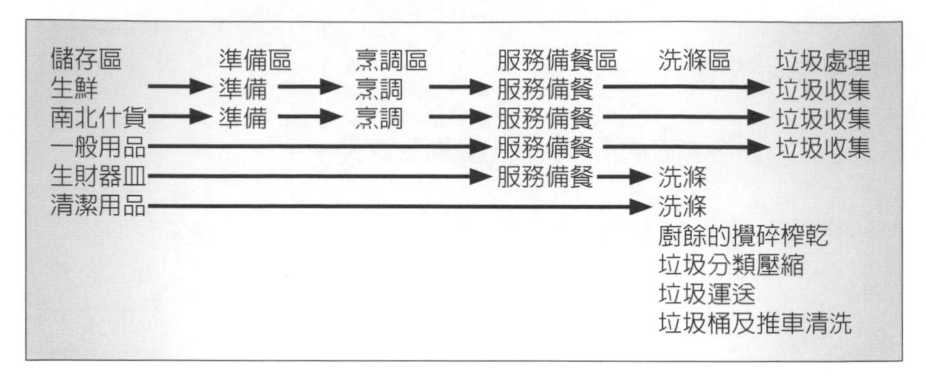

圖11-5　後場各區域流程表

第五節　廚房設備設計與規劃

一、廚房作業流程與各作業區設備

廚房包括各區域廚房、中央廚房、宴會廳廚房等，處理所有餐飲準備與回收處理的工作。

(一)廚房作業流程

進貨驗收區通常在地下室，廚房員工需要用手推車，將物料運往廚房置前處理區，處理分類放置於冷凍、冷藏乾料區，再至準備區，然後至烹調區，菜餚完成後擺盤再至供餐區，客人用膳完後，將餐盤回收至洗滌區處理。其流程簡單標示如下：

進貨驗收區→前處理區→冷凍、冷藏乾料區→準備區→烹調區→冷、熱菜暫存區→供餐區→回收洗滌區。

(二)廚房設備選用考量因素

業主與專業顧問在討論廚房設備時，需要考慮下列項目：

1.功能性：多功能、比較有彈性、比較不佔地方。
2.結構強度：強度夠、壽命長。
3.容易清潔、保養。
4.機型、產能：機型不同則產量亦不同。
5.效能評估、節能：會影響成本。
6.安全性：安全性是基本要求，可避免職業災害的發生。
7.價位：會影響成本。

(三)設備材料

一般包括金屬、不鏽鋼、塑膠、木材等，要考慮適材適用，功能不同，材料需求就會不同，例如：瓦斯爐芯就需要是鑄鐵的，比較耐用；鍋具類使用在瓦斯爐上，就必須考慮是不鏽鋼的。鋁製的鍋具在烹煮的過程中可能會釋出鋁離子，對身體可能造成危害，近年來較少人使用。而電磁爐的鍋具則必須是專用的，不導磁的金屬是不能用的。

(四)CCTV監視鏡頭

近年來監視系統的普遍，在廚房作業區安裝CCTV鏡頭，萬一有意外事故發生時，可以有記錄可查。廚房內可能有油煙，所以CCTV鏡頭要定期小心保養擦拭。

二、政府相關法令

廚房作業需要符合一些政府相關法令，才不會有意外發生，也是照顧員工身心健康的必要措施。

(一)衛生相關法規

與廚房衛生相關的法規包括：

1.《食品安全衛生管理法》。
2.《食品安全衛生管理法施行細則》。
3.《食品良好衛生規範準則》。
4.《食品安全管制系統準則》。
5.《餐具清洗良好作業指引》。

(二)消防相關法規

與廚房消防相關的法規包括：

1.《消防法》。
2.《消防法施行細則》。
3.《各類場所消防安全設備設置標準》。

(三)環保相關法規

與廚房環保相關的法規包括：

1.《空氣汙染防制法》（廚房爐灶的排煙）。
2.《空氣污染防制法施行細則》（廚房爐灶的排煙）。
3.《水污染防治法》（廚房排水）。
4.《水污染防治法施行細則》（廚房排水）。
5.《噪音防制法》（廚房爐灶的排煙機）。
6.《噪音防制法施行細則》（廚房爐灶的排煙機）。
7.《噪音管制標準》（廚房爐灶的排煙機）。

8.《菸害防制法》（廚房禁菸）。

(四)職業安全衛生相關法規

與廚房職業安全與衛生相關的法規包括：

1.《職業安全衛生法》（員工）。
2.《職業安全衛生法施行細則》（員工）。
3.《職業安全衛生法附屬法規》（員工）。

三、廚房設備系統

廚房內的作業流程必須具有合理性，在廚房設備配置上，能依照正確的人員作業流程去安排設備的擺放排列位置，尤其是冷凍、冷藏設備，給水、排水設備，以及烹煮設備，因為涉及到給水、排水以及瓦斯配管，變更不易，若事後發現問題才要修改，費用上較高，容易造成成本上的壓力。然而設備的高度影響到使用者作業的便利性，像是壁架、壁櫃、吊架、吊櫃、工作檯、爐具等，若高度設置不當，都會直接影響到使用的方便程度，甚至容易造成安全上的危害，因此在廚房規劃時，都必須將人體工學考慮進去。

廚房是餐廳的重點，要能夠穩定提供衛生美味的菜餚，必須注重其環境衛生。

四、各區域規劃之重點

(一)驗收區

驗收區除了必要的聯合驗收人員之外（通常會有安全人員或保全人

員值班），CCTV的鏡頭更是不可少，應儘量減少廚房的人員在此處進出、作業。

在此區有幾個重要的驗收設備：

1.驗收卸貨平台：卸貨平台的高度一般約為100cm左右，也就是一般中型貨車的裝貨平台高度，如此卸貨時就可以比較省時省力。
2.磅秤：在驗收處必須備有各式各樣的秤，譬如200公斤的大平台磅秤，以及小型電子秤（需要定期認證）。
3.工作台：將所驗收的貨物開好驗收單後，再利用工作台及水槽將大量的水果及蔬菜等先作初步的整理。當然也有餐廳是在廚房的蔬果準備區整理。
4.推車：利用推車將原物料送至冷凍、冷藏庫儲存，或直接送去準備區。
5.四門冷凍、冷藏冰箱：也有一些觀光大旅館的驗收處設有幾個四門冰箱，因為他們實施所謂的驗收單一窗口的制度。也就是廠商將貨物送至驗收處，驗收完畢就必須回去，不得將他們的原物料直接送進廚房，這是公司為了內部控制所作的要求（也是防止蟑螂進入廚房的途徑）。所以，當廠商送東西來時，驗收、採購及廚房的三組人員必須一起聯合驗收，而在尖峰時間，可以將原物料暫時置放於驗收的四門冰箱，以免生鮮材料變質或不新鮮。

(二)各類倉庫儲存區

◆冷凍、冷藏儲存區

這一區的主要功能是利用溫度控制來抑制各種細菌或病毒的滋生，當然也為了保存各類的生鮮物品的鮮度與品質，因此必須瞭解各種生鮮食品的儲存溫度，一般冷藏為4℃、冷凍為-18℃。

而依照使用方式的不同，冷凍、冷藏設備可分成以下幾種：

1.手取式（Reach In）：就如家中所用的電冰箱。在餐廳的廚房，一般有兩門或四門的立式冰箱，這要視廚房的空間大小來設計。
2.步入式（Walk In）：也就是廚師可以走進去的大型冷凍、冷藏庫。
3.工作桌型或桌下型：亦即工作檯下面擺進冷凍、冷藏櫃。這種方式的目的，一般是爲廚師工作上的方便。

廚房與餐廳的冰箱與冷凍、冷藏庫，要有獨立的冷卻水系統是比較節約能源的做法（可減少散熱在廚房內，效率比較好）（冷卻水的過濾器要常清理）。

◆南北雜貨、一般用品、器皿、清潔用品等儲存區

南北雜貨是指所謂的乾貨，如干貝、罐頭類、米、油、麵粉、調味品、香料等。一般用品是指印刷品、包裝紙、手巾紙、吸管、菜單等。器皿是指瓷器、玻璃器、銀器及布巾類等。清潔用品是指清潔廚房或外場的一些清潔劑，如洗潔劑、漂白水及肥皂粉等。

以上這些物品儲存時必須注意下列要點：

1.以上的任何物品，不可直接放置在地面上，必須利用「棧板」，將上述的物品放置於「棧板」上，而且距離牆壁、地面至少5cm以上。
2.一般而言，儲存這類物品的庫房，其溫度應控制在25℃左右，相對濕度則應控制在60%以下（太潮濕時乾貨容易發霉，有些會產生黃麴毒素，影響健康）。
3.放置在儲物架上的任何物品，必須重的放置在下面，比較輕的放置在上面，地震時才不容易倒下。
4.蔬果、海鮮、肉類準備區，在這些準備區所使用的一些砧板、工作台、水槽等，應該儘量分開使用，以免相互污染。
星級旅館的「五色砧板」是綠色、黃色、藍色、紅色、白色砧板，分別處理蔬菜、禽類、海鮮水產、豬肉牛羊、即食食品，之所以使用不同顏色的砧板，是為了從源頭上切斷食物受到污染的可能性，確保食品安全。

(1)紅色砧板：用來切配生畜肉，例如牛、羊、豬等。

(2)黃色砧板：用來切配禽類生肉，比如雞、鴨、鵝、鴿等。

(3)藍色砧板：用來切配水／海產品，比如魚、蝦、蟹等。

(4)綠色砧板：用來切配蔬菜／水果。

(5)白色砧板：用來切配即食／熟肉／乳製品。

上述的原物料，經過處理清洗過後，接著應該馬上準備烹調，不可再受污染，所以此區應列入準備清潔區。所有的廚房操作人員，應該戴帽子、穿著清潔的工作服。對於個人的衛生習慣也應注意，譬如廚師廚房工作時，不得配戴手錶、戒指。若員工手掌有傷口，應暫時更換工作，避免直接接觸食物或餐具，否則易導致客人感染金黃色葡萄球菌，引起身體不適。

(三)烹調區

烹調區可以說是廚房的重要區域，在這烹調區需要有適當的設備容量，以及流暢的動線和良好的工作環境。

◆烹調區的常見種類

在規劃烹調區的設備等時，應該考慮廚房的種類，大概可以分為中式、西式及其他三類。

1.中式：在中式的烹調區內有下列的幾種重要的爐具：

(1)中式的鼓風爐灶：又分別有粵式、川式、江浙式、台式爐灶等。

(2)中式的瓦斯炊灶。

(3)中式的瓦斯蒸櫃。

2.西式：有四口爐附烤箱、煎板爐、熱板爐、碳烤爐、油炸爐、多功能蒸烤爐。近年已發展出智慧型蒸烤箱（**圖11-6**），可以用手機藍芽來操控。

3.其他：印度烤爐或其他特殊爐具。

◆廚房新世代爐具

選用新世代專業電磁爐具，可以節省高達60%燃料需求。

電磁爐熱能耗損低，絕大部分熱量直接傳導至鍋子作加熱之用。而瓦斯爐具會導致較高熱能耗損，所以需要更高輸入功率去達成與電磁爐相同水平的輸出功率。相較於瓦斯加熱，電磁爐有效節省高達60%燃料需求，可以節省成本（抽油煙罩的排風量可以較少）。

新世代專業電磁爐具，讓烹飪更加快而精準，隨叫隨製點心也毫無難度。爐具均配備最高級的電磁加熱技術以及電腦智能控制，能輕鬆滿足廚師對於煎、炒、煮、炸、焖、燉等不同的烹調需要。新世代專業的爐具和中、西式廚房設備，能滿足不同類型餐飲企業的需求。電磁平頭爐能同一時間加熱六個鍋具，快速、高效，採自動化標準操作，一按即可烹調中、西美食。舊式電爐／電磁爐的火力會受輸入功率影響，而智能控制器則可以解決此問題，調控、鎖定輸出功率或溫度，確保其不受

蒸烤箱下方有一USB插槽，可以輸入需要的資料，與網路連接後，則可使用手機輕鬆控制並監控，可藉此掌握全局，並瞭解設備正在執行的步驟。

圖11-6　蒸烤箱

電壓的輕微起伏影響，穩定火力，使食物品質維持一致，這對於需要大量製作餐點的飲食集團尤其重要。整台爐子的核心是智能控制器，控制器操控爐子的烹調溫度、時間、鍋具識別、支援遠距控制，讓廚師使用智慧手機即時監看管理烹調情況。如果遇上故障等問題，維修人員亦只需更換控制器，不需複雜的拆裝程序，節省維修成本、時間，讓廚房運作不停止，保持競爭力。

◆廚房設備保養

大部分的五星級旅館是工程部自行保養廚房設備（有些咖啡機是賣咖啡的廠商提供保養則例外）。五星級旅館的廚房設備清潔，大多外包給專業清潔公司來施作，對於清潔爐具，他們多數用鹼片（氫氧化鈉）來清潔，卻很容易將爐具腐蝕，而故障後又交由工程部來修理。需要將廚房設備做一保養清冊，每月做一次巡檢。瓦斯爐具要檢查火焰顏色是否為藍色；電器爐具與設備要檢查絕緣值及功能；冷凍、冷藏設備要檢查溫度、保溫、冷凝器散熱狀況等；洗杯機、洗碗機要檢查溫度及洗淨後狀況等；廚房排油煙機、水洗油煙罩、靜電除油煙機的抽風機要檢查皮帶、軸承（自動注油機）等。有一些小旅館廚房的設備是由廚師自行清潔，反而做得更好。

(四)洗碗區

此區中、西式的餐廳並無顯著的區別，但是中式餐飲較西式更為油膩的關係，所以在洗滌及油脂的處理上，要加倍的考量，一般可分為人工洗滌及機器洗滌兩大類。

◆洗碗機（Dishwasher）

洗碗機可分為低溫型洗碗機、高溫型洗碗機及超音波洗碗機三類。機器清洗的流程：(1)預洗；(2)裝架；(3)清洗與消毒；(4)滴乾或烘乾。

以洗碗機的機型種類來區分，大致上包括下列幾種：(1)桌下型洗

碗機。(2)掀門式單槽洗碗機。(3)輸送式洗碗機。(4)FTC隧道式洗碗機。(5)洗杯機。

使用杯皿分隔框架（Compartmented Rack）可避免杯皿清洗時的碰撞，且清洗後也可方便大量的搬運及儲存。

洗碗機需要加入專用清潔劑，包括洗碗機清潔劑、洗碗機亮潔劑、洗碗機低溫殺菌劑、催乾劑等。洗乾淨後的餐具要檢查結果是否良好，假如結果不良，則要檢討水溫、清潔劑等問題（通常會由提供專用清潔劑的廠商來做此服務）。

◆洗潔劑的選擇

洗滌前必須先認清所洗滌物品的材質、種類及受污染的性質或原因。洗滌能力也就是所謂的「洗淨力」，是指將所洗滌的物品與污染物分開的能力，因爲污染物種類的不同，其附著力也有所差異，但洗滌作用力必須大於污染物的附著力，才能洗得乾淨。所以選擇正確的洗潔劑，才能眞正的洗乾淨。

一般洗潔劑是以PH 9.3～9.5之間爲最好，而依照使用時溶液的酸鹼度（PH值），可以分成酸性、鹼性、中性、弱酸及弱鹼、強酸及強鹼等五大類。各種洗潔劑都屬於化學藥劑，在儲存或使用的地方，需要有物質安全資料表（Material Safety Data Sheet, MSDS）（由專用清潔劑的廠商來提供），告訴員工正確的使用方法及潛在物理危害性與健康危害性，萬一誤食或接觸皮膚的急救方法。

1.酸性洗潔劑：主要是用於器皿、設備表面或鍋爐中礦物的沈積物，如鈣、鎂等。這類的洗潔劑具有氧化分解有機物的能力，包括有機酸與無機酸兩種。常用的酸性洗潔劑有草酸、磷酸、醋酸等，均具有強烈的腐蝕性，會傷害到皮膚。
2.鹼性洗潔劑：包括弱鹼、鹼性及強鹼性洗潔劑，主要以用中性洗潔劑而不易去除的物質爲洗滌對象，如蛋白質、燒焦物、油垢等。這類洗潔劑的洗淨力強，但具有強烈腐蝕性，對皮膚的傷害很大，常作爲此類的洗潔劑者有苛性納（氫氧化納）、大蘇打（碳酸納）、小蘇打（碳酸氫納）等。

3.中性洗潔劑：主要用於毛、髮、衣物、食品器具及食品原料的洗滌，或物品受到腐蝕性侵蝕時使用，中性洗潔劑對皮膚的侵蝕及傷害性較小。

◆餐具儲存方式

無論人工洗滌或機械洗滌，其儲存餐具又可區分爲下列的三種方式：

1.一般角鋼材料的儲物架或儲物櫃：利用常溫。

2.烘乾櫃：利用電力，產生出50～90℃的溫度，以便達到烘乾及防止微生物孳生的目的。

3.紫外線殺菌櫃：利用紫外線達到殺菌的目的，通常用來消毒刀具及砧板等。

(五)垃圾儲存區

一般垃圾儲存區應當要比較靠近驗收區，以方便管理及運送，並安裝CCTV鏡頭，以維護安全。它又應當再分爲下列四區：

◆乾式垃圾區

旅館一天產生的垃圾量是很驚人的，除了要做資源回收及資源分類外，垃圾體積也頗佔空間，必須利用旋轉式垃圾壓縮處理機（**圖11-7**）將其壓縮，才能比較不佔空間。垃圾壓縮處理機基本功能如下：

1.具有簡易破碎壓縮儲存功能，減少垃圾清運次數，直接減少處理費用，及減少垃圾佔放空間以美化環境。

2.雙重密閉構造，垃圾不會曝露，污水不溢流，以確保環境清潔衛生。

圖11-7　旋轉式垃圾壓縮處理機

3.自動噴灑消毒除臭，以避免蚊蠅、蟲害、病菌（登革熱）滋生傳染，免除二次公害之發生。

4.操作簡單容易，垃圾從投入→破袋→壓縮→儲存→排出，完全自動化，清理人員不必接觸垃圾，衛生又安全。

5.一般垃圾混合處理壓縮能力大約3：1　，可壓縮原儲存空間的66%。

6.可二十四小時無人管理，節省人員開支。

7.因採密封式，故可免除舊貨商翻撿及貓狗動物翻咬，所造成之垃圾髒亂。

8.垃圾收集作業方便，清運過程迅速，司機一人即可操作。

9.設備經規劃可多部組合運作，作爲區域性垃圾清運轉運站。

10.搭配破碎機，可處理較大體積垃圾之困擾。

◆溼式垃圾區

利用攪碎榨乾機，將餿水及溼的垃圾去除水分到本來重量的30%，再送入垃圾冷藏庫儲存，垃圾冷藏庫必須維持在10℃左右並有紫外線殺

菌燈來除臭，以防止裏面的臭氣外洩。

◆推車及垃圾桶清潔區

利用噴槍或自動清洗機來洗滌。

◆空瓶區

一般的中餐廳，辦宴會、酒席的場所，他們的空瓶量都非常的大，需要有一獨立的區域，不可與乾式垃圾混合堆放。

第六節　廚房規劃與其他規劃之關聯性

廚房可以說是旅館餐飲區內最重要的場所，它與其他設備的規劃設計更是息息相關，以下就是廚房設備規劃與其他設備規劃相關性的探討：

一、廚房設備規劃與一般土木施工規劃

廚房需要依照HACCP的基本概念來設計，當然還需顧慮到職業安全衛生的條件。

1.廚房內的地面或牆面，所用的磁磚相接處，不可有縫，必須具有防滑、易洗、耐腐蝕、耐重壓、耐撞擊等特性，與牆面接合處並且要為圓弧形，可以防止積水，容易清潔。
2.地面應保持1.5～2%的坡度至排水處，即每公尺有1.5～2cm的斜度，以維持良好的排水性。
3.一般牆面的隔間，習慣用4吋寬、8吋長的紅磚，最近有時改用輕隔間或防潮石膏磚，餐廳廚房的牆面隔間如採用輕隔間，則在牆內需加鋼板方管作補強，以方便層架及壁櫃等的吊裝，靠近爐灶

的牆要鋪不銹鋼板以方便清洗。

二、廚房與空調規劃的關聯性

由於廚房內設置了許多的各型油煙罩，需要補充80%的外氣在煙罩旁，所以與空調規劃的關係十分的密切，不但要考慮到空調舒適性，同時也要節約能源。

三、油煙罩的設置規劃

廚房油煙罩通常可分爲水洗油煙罩、靜電油煙罩、紫外線殺菌油煙罩、活性碳油煙罩，其設置規劃重點如下：

1.水洗油煙罩每天都要清洗，廚房的清潔工作大多是外包給清潔公司。
2.靜電油煙罩除了基本清潔是外包給清潔公司施作，其內部的高壓放電、電路基板則是由原廠做維修保養。
3.活性碳油煙罩的活性碳是很貴的，很多公司都捨不得用。

四、廚房規劃與水電、瓦斯的相關性

基本上要考慮使用上的安全與方便，同時要注意能源成本的管控。

1.各種設備的電源入口，必須加裝漏電斷路器，以確保工作人員的安全。
2.所有的電氣材料、器具、設備等，均應使用通過中央主管有關當局認可的檢驗合格產品。
3.各用電設備均必須有良好的接地，接地線應當是綠色，以資識別。

4.電源的規格：440V／480V／380V或220V、60Hz。控制用：110V、60Hz。

5.各廚房有水錶，以利計算成本。

6.有瓦斯總錶與總開關。

五、廚房規劃與消防設備的相關性

廚房油煙罩消防設備是針對廚房爐台、風管、煙罩進行保護，該系統屬於潔淨無毒的濕化學滅火系統，使用的是專門應用於廚房火災的低PH值的水溶性鉀鹽滅火劑。當系統啓動時，可以自動噴灑並且切斷瓦斯的源頭，如果需要在自動感溫頭還未有動作前啓動系統，可以安裝手動開關在逃生門附近（如**圖11-8**）。

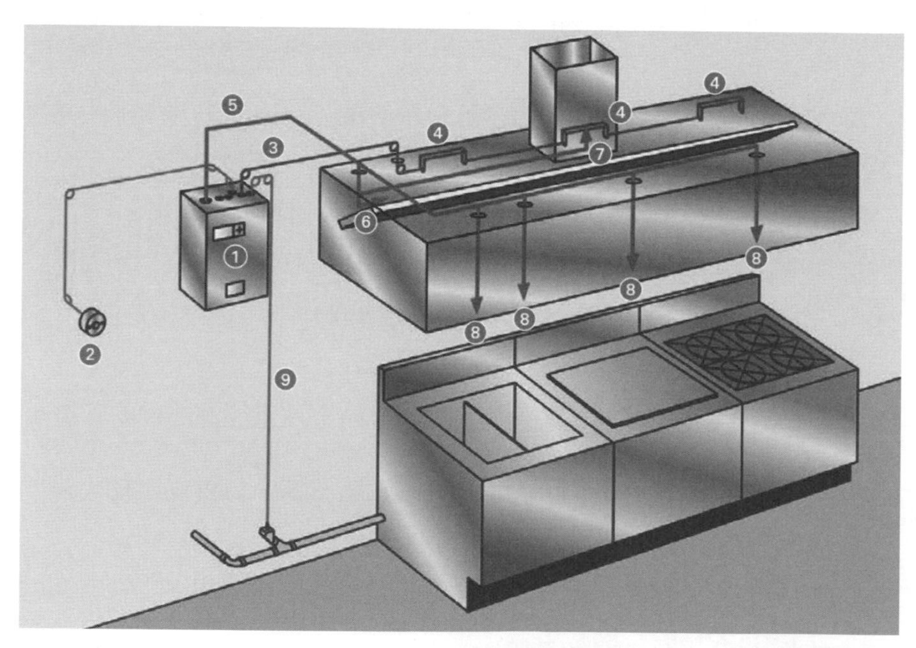

圖11-8　廚房油煙罩消防設備

說明：❶噴放控制器❷手動啓動器❸偵測鍊❹熔斷式偵測器❺噴放管❻煙罩噴嘴❼風管噴嘴❽爐具噴嘴❾瓦斯遮斷閥控制

Chapter 12

洗衣房、健身房、游泳池、景觀池、庭園

- 洗衣房
- 健身房
- 游泳池的設計
- 三溫暖之設計
- 景觀池
- 庭園的灌溉
- 哺（集）乳室（**Breastfeeding Room**）

第一節　洗衣房

一般大型的旅館都會設置自己的洗衣房，不但可以洗床單、被套、毛巾、浴巾、檯布、桌巾、口布、員工制服等，更可以洗客衣，基本上可以說是一個賺錢的單位。洗衣房的工作是辛苦的，工作環境是屬於高溫、噪音、振動及有一點危險的，所以員工必須依照職業安全衛生的相關規定來工作。

一、洗衣房設計的要件

1. 洗衣量預估：客房洗衣方面，一般商務型旅館計算每房每天送洗量以3磅爲準，換洗率以20%計算。員工制服方面，每套制服平均重量約2.2磅，換洗率以1.5天換洗一次爲計算基礎。
2. 樓層位置：如果有大型洗衣機（100磅以上）容易有振動，建議位置在大樓最底層較佳。
3. 動線：因爲有大型設備，希望能夠有卡車到達的地方較佳。
4. 大型洗衣設備機座避震：樓地板需加強，設備機座需特別加強。
5. 蒸汽壓力：需要能達8 kg/cm^2（溫度約174.7℃）以上（供平燙機使用），所以接近鍋爐房比較佳。
6. 消防：洗衣房內有棉絮、毛巾、床單、檯布、衣服等易燃物，要特別注意。

二、洗衣房常用設備

一般洗衣房設備會依旅館大小與其功能性質而有所不同。

1.水洗機：大型滾筒式（**圖12-1**）。

2.乾洗機：碳氫溶劑乾洗機（符合環保規定）。環保署打算在2021年禁止四氯乙烯使用在乾洗作業（業者需未雨綢繆）。

3.平燙機：能夠配合燙床單、檯布等（**圖12-2**）。

4.床單撐開機：能夠配合床單等。

5.床單摺疊機：能夠配合床單等。

6.壓板機：適合制服等。

圖12-1　大型水洗機

圖12-2　平燙機

7.人形機：適合套裝等。

8.領口、袖口機：適合襯衣等。

9.隧道式成型機：適合制服、西裝等。

10.燙褲機：壓燙褲管。

11.抽氣式燙衣檯：壓燙褲管等乾洗衣物用。

12.烘乾機：毛巾、床單、檯布、衣服等。

13.打號碼機：將衣物做記號方便管理的號碼機。

14.污點清潔檯：處理衣物局部難處理的污點。

15.磅秤：需要記錄洗衣量及分配至平衡三槽式滾筒水洗機。

16.布巾推車：運送洗好的毛巾、床單、檯布等。

17.檢查桌：檢查洗好的衣物，例如扣子、縫線等，不良處再修補。

18.自動衣架：儲存制服、西裝。

19.壓乾脫水機：衣物不易洗破，機器不易震動。

20.高效率隧道式洗衣機：省時、省水、量大。

21.瓦斯平燙機：不須蒸汽鍋爐、省人力、省能源。

22.瓦斯烘乾機：不須蒸汽鍋爐、省人力、省能源。

三、污被服管道收集系統（Laundry Chute）

污被服投入口通常設計在每一層樓的後場，管道出口直接在地下室洗衣房，從各樓層直接將要洗的毛巾、床單、檯布等，直接透過管道送達洗衣房，比用推車運送方便快捷，污被服管道上方需有火警感知器及消防撒水頭，以維護消防安全。

污被服管道收集系統的投入口門必須有連鎖設計，一次只能開一扇門，避免產生意外，扇門使用後一定要關好，否則其他樓的扇門無法開啓。

四、清潔與檢查

(一)衣物清洗

水洗機需要加入專用洗潔劑，常用的有液體濃縮洗衣劑、液體柔軟劑、液體中和劑、液體漿劑。洗乾淨後的衣物要檢查結果是否良好，如果結果不良則要檢討水溫、水質、洗潔劑等問題。

(二)衣物清洗量計算

1.客衣：一般商務型旅館計算每房每天送洗量以3磅，換洗率以20%計算。其中水洗佔60%、乾洗佔40%
水洗量：230房×3磅／房×20%×60%＝83磅／天
乾洗量：230房×3磅／房×20%×40%＝55磅／天
2.員工制服：每套制服平均重量約2.2磅，換洗率以1.5天換洗一次爲計算基礎，其中水洗佔80%、乾洗佔20%
水洗量：300人×2.2磅／人／天÷1.5 ×80%=352磅／天
乾洗量：300人×2.2磅／人／天÷1.5 ×20%=88磅／天
3.總水洗量：83+352＝435磅／天
4.總乾洗量：55＋88＝143磅／天

五、洗衣房需要注意的事項

洗衣房的工作環境條件是複雜的，需要更加注意安全上的問題。

1.空調：一般該空間保持溫度約25-28℃即可。
2.乾洗機使用有機溶劑，該設備的抽風一定要足夠。

3.靜電：洗衣房內有棉絮，如果太乾燥，可能易發生靜電引發火災。

4.滑倒：水洗區的地板要注意防滑。

5.收發：收發工作要有良好記錄，才不會出差錯。

6.環保：洗潔劑（無磷）、乾洗油等要注意環保問題。

7.噪音：水洗機會有振動問題，必須注意避振問題，否則會影響其他樓層，洗衣房的空氣壓縮機會產生噪音，盡可能放置在他處，同時作降低噪音處理。

8.洗衣房排氣（水洗式棉絮過濾機）（棉絮收集網）（洗衣房的烘乾機與燙衣機會產生許多棉絮，在抽風排氣管出口處會有許多棉絮造成空氣汙染，必須防止）。

9.洗衣房排水（棉絮過濾器）（洗衣房的水洗機排水出口處會有許多棉絮、小毛巾、口布等物可能會卡住排水泵）。

10.洗衣房的地面常會有棉絮，很容易引起火災，除了要嚴禁煙火之外，還要經常吸塵。

11.烘乾機內的毛巾烘乾完成後不可立即停機下班，要盡快取出，分散至桶內，以免產生靜電造成火災（曾有旅館因此而發生火災）。

12.如果乾洗機仍是使用四氯乙烯當乾洗劑，要符合環保署列管毒性化學物質及其運作管理事項申報及廢棄物管制（環保署打算在2021年禁止四氯乙烯使用在乾洗作業）。新式的乾洗機是使用碳氫化合物為溶劑，比較環保。

13.平燙機與毛巾摺疊機操作上一定要注意安全，否則很容易發生職業災害。

14.洗衣房是發生職業災害高風險的地方，棉絮多時需要戴口罩，機器是有高溫的地方，要注意避免被燙傷，洗衣機、烘乾機是會高速旋轉的，摺疊機是有夾臂的，在操作上更要注意安全。

15.大型洗衣機加上衣物及水是很重的，其樓地板強度、防水以及避震等問題是很重要的。

16.洗衣房用的介面活性劑（無磷洗衣粉等）、去污劑、柔軟精、乾洗劑等都是化學藥劑，更要注意使用及儲存安全，現場要有物資安全資料表（Material Safety Data Sheet, MSDS）；雇主對含有危害物質之每一物品，應依規定提供勞工必要之安全衛生注意事項（以下簡稱物質安全資料表），應置於工作場所中易取得之處。

17.洗衣房應該裝設水錶、電錶、蒸汽錶，洗衣房每月統計洗淨物品總重量，即可得知每公斤衣物所需要的用水、用電、蒸汽量，可以做爲節約能源的指標。

六、洗衣房設備保養

大部分的五星級旅館是工程部自行保養洗衣房設備。重點包括：

1.洗衣房在作業中會產生許多棉絮，很容易就會黏在抽風機及風管上，甚至會吹至戶外、街道上，造成污染，必須定期保養。安裝水洗式噴射濾網抽風機是比較好的選擇。

2.大型洗衣機的水洗滾筒槽內分三格，放入衣物前必須用磅秤測量後平均分放入三格中，在操作上必須注意安全，定期測量軸承，遇有不良則需更新。

3.大型平燙機也要定期測量蒸汽燙筒軸承，遇有不良則需更新。爲不影響作業，這些工作可能要利用夜間來進行。

4.烘乾機容易產生棉絮，需要經常清潔，清潔時必須先停機，然後用吸塵器將棉絮清除，洗衣房的操作人員經常會不將機器停止，就將濾網抽出，並將棉絮直接掃入抽風管中（不守規矩）。烘乾機作業停止後，一定要將毛巾、衣物取出整理後才能下班，以策安全。

5.烘乾機的蒸汽加熱器要經常清潔，其滾筒內的衣物不可超重，否則容易造成主軸變形或軸承故障，當然也要定期測量軸承，遇有不良則需更新。

第二節　健身房

要注意避免健身房的震動噪音影響客房，需要安裝避震墊或地毯來防止噪音，提供足夠的新鮮風，光線要均勻，同時避免眩光，整體設計優雅、安全、衛生、耐用，環境使人感覺很活潑健康。

一、健身設備

健身房的健身設備種類非常多，包括電腦靠背式健身車、跑步機、電腦程控樓梯機、電腦橢圓交叉訓練機、全身弧形滑步機、全身伸展訓練機（**圖12-3**）、史密斯訓練機（**圖12-4**）、飛輪健身車等。

圖12-3　全身伸展訓練機

圖12-4　史密斯訓練機

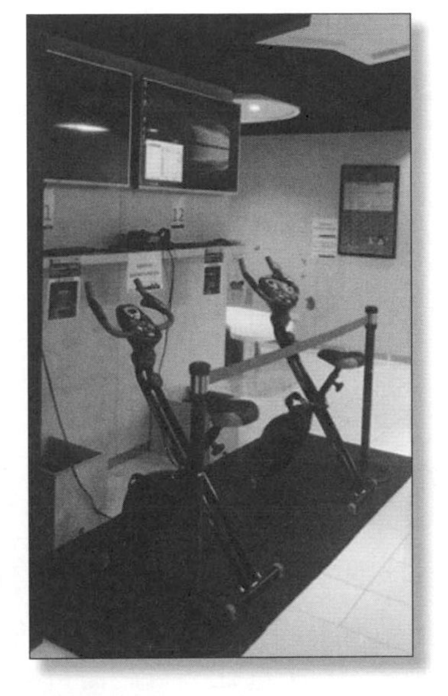

圖12-5　VR腳踏車

另有一種新型的VR（Virtual Reality）智慧腳踏車（**圖12-5**），使用者戴上VR眼鏡，可以邊騎車健身邊玩遊戲，或是享受虛擬風景，讓飛輪自行車變得與眾不同，也更有趣。

大型旅館的健身房內除了有許多健身器材，也有韻律操、有氧舞蹈教室、三溫暖、烤箱、按摩室、熱水池、冰水池、按摩池、游泳池等設施，不但可以滿足客人的需要，更可以招收VIP會員，增加收入。

二、健身設備的保養

健身設備有分機械式的以及電子式的，機械式的健身設備有鋼纜、滑桿、輪軸部分，可以由健身房的員工上潤滑油、擦拭，電子式的健身設備可以交給原廠做維護保養，跑步機的滾輪、履帶的更換也需要由原廠商來施工。

第三節　游泳池的設計

一、游泳池的種類

(一)游泳池型式

游泳池可分室內式、室外式兩種。室內游泳池的屋頂高度要夠高，否則空氣不流通，使人會有壓迫感。游泳池的正上方最好不要裝照明燈，如果一定要設計，最好要以防水、防墜落及容易更換爲原則，否則將來更換燈泡會很麻煩，而且易受潮損壞，浪費財物。

(二)訓練用游泳池

訓練用的游泳池其所佔的空間不大，而是藉水流的強度變化來配合游泳的速度。客人可以用按鈕來選擇水流的強度，人可以在池內不停地游泳，就像健身房裏的電動跑步機一樣，人們可以在跑步機上不停地跑而沒有距離的問題。這種游泳池也可說是屬於個人游泳池，但以能源的角度來看，它是比較耗能源的，因爲它需要製造強大的水流，而水泵的馬力必須要夠大，因此會比較耗電。

(三)景觀游泳池

有些游泳池可以做成景觀流水，甚至比較深的游泳池可能做成有玻璃看台的，客人可以坐在看台邊喝飲料，邊欣賞池內游泳者的情形。當然有玻璃透視的游泳池一定要做得不漏水，玻璃也必須採用多層強化的。

二、游泳池的主要構造

(一)游泳池的基礎工程

游泳池的防水措施是很重要的，防水做不好，以後再來修補就非常困難。游泳池的溢水溝最好有30cm寬，並且做成斜坡形狀，上面舖設塑鋼組合式條狀水溝蓋，不但容易排水，而且當水面產生波浪時也很容易被消除。

(二)游泳池的管路設計及池內相關設備

例如：爬梯、水底燈、回水柵欄等，一定要採用優質不鏽鋼製。過濾器、循環過濾水泵也要採用不會生鏽的製品，水底照明燈更要採用低電壓24V以下的電源，並附漏電斷路器，以防產生觸電意外，造成悲劇。

(三)游泳池的防滑設計

游泳池四周的地面一定是要防止滑倒型的，以防人員滑倒造成意外傷害。在入游泳池的地方，要設有適當的洗腳池，除了要求客人要沖洗身外，還要將腳底洗乾淨，將身上的汗水等有機物沖掉，以便維持良好的水質。游泳池的各角落不可有尖銳的物體，以免人員遭刮傷。

(四)洗腳池設置

設置洗腳池用來防止泳客行走時所帶來之污染。

1.游泳池入口最好設有強制沖水區，洗腳池宜設置在淋浴區之後。
2.洗腳池內之消毒液的餘氯量應為5-10 ppm。

3.洗腳池內之消毒液最好採連續供給和排放方式；如無法以連續供給方式進行，則可採用定期更換方式，更換間隔時間不得超過4小時。

4.洗腳池及其配管，應採用耐腐蝕材料。

(五)游泳池的回水口

游泳池的回水口應有兩個以上，而且應在最低的位置，以便沉積物能很容易地被收集到水泵的過濾器中。

(六)泳池排水

泳池溝邊溢水、過濾器反洗的排水、泳池底部的排水是可以回收的，可以考慮併入雨水回收系統。

三、游泳池的水溫

(一)戶外游泳池水溫控制法

戶外游泳池在夏天豔陽高照時其水溫甚至會高達 31℃，而有些人在水溫超過28℃時游泳，就會覺得不舒服。有些游泳池藉著不斷補充新水來降溫，另外可以設計用冷凍機來降溫，而冷凍機所產生的「熱泵」熱源也可以用在三溫暖熱水池或按摩池的加溫方面，此乃一舉兩得的設計，而且是充分利用能源的方法。

(二)室內型水溫

室內游泳池通常都是溫水的，水溫一般都維持在28℃，而室內空調溫度方面，不可以設計太低，否則泳客們在離開水面時容易感冒，一般要維持在24℃～26℃間，因爲是溫水的，所以室內空間的水蒸汽較多，相對濕度會比較高。此外，游泳池採用次氯酸鈉或氯碇來殺菌，所產生氯的氣味，會有害人體，所以室內游泳池的空調換氣量要充足。

四、游泳池的附屬設備

(一)按摩池

新式休閒的游泳池，有時會將Jacuzzi池（按摩池）也設計在旁邊，讓泳客們可以進入該小池中享受按摩之效果，或甚至將泳池的某一角落設計成有噴氣泡沫噴頭，並有按摩作用，使游泳客們可以在此角落享受按摩的樂趣。另外，還有設計由高處流下的水柱，可讓泳客們享受「灌頂」的按摩刺激，但年長者最好避免此種刺激，以免產生意外。

(二)游泳池的音響

游泳池畔的音響可以提供美妙的音樂給客人，讓客人享受輕柔的音樂，遇有緊急事情時，例如火災等，也可以立即通知客人。另外，有一種水中喇叭，可以安裝在泳池壁，讓客人一面游泳可以一面欣賞動聽的音樂，這是一種新的設計，也可讓水上芭蕾的表演者直接聽音樂來配合表演。

(三)CCTV監視鏡頭

游泳池畔的各個角落安裝CCTV鏡頭，萬一有意外時，可以有記錄來做判斷追蹤。

五、游泳池的節約用水與節約能源

游泳池水的消耗除有自然蒸發、飛散、溢出，或由泳客身體帶走外，尚有因過濾器自動反洗而排放掉，也會因爲水底吸塵而排掉。一個三百噸水量的游泳池，每天大約有6～9噸水的消耗。如果游泳池能用水底自動清潔器（俗稱「水烏龜」），可以幫助水池清理，在水池底部的回水柵欄處也可以加化學助濾劑，來幫助雜物過濾。理論上游泳池的水質維持良好是可以不用換水的，如果可以大量換水，當然水質會更好，但是卻會浪費水。有一個兩全其美的辦法，就是利用游泳池的水來供應冷氣用冷卻水塔的補給水，因爲冷卻水塔的每日耗水量達到80噸，所以利用游泳池的水供給空調冷卻水塔的用水，不但可以保持游泳池水質良好，也不致浪費水，台北遠東大飯店的屋頂游泳池就是採用此法而曾得獎。

如果溫水游泳池是設在室外的，水溫一般都維持在28℃，最好能有活動蓋子，在不用的時候將蓋子拉上，以便保溫，且節約能源。

六、池水消毒

游泳池水質的消毒除了用氯錠或次氯酸鈉的方法外，在大型游泳池曾有人用氯氣來消毒，但用氯氣易生洩漏危險，所以近來已少有使用。而新型游泳池除了有用氯錠或次氯酸鈉之外，另外並用臭氧或紫外線殺菌。此外尚有在游泳池水中添加食鹽，使之含鹽分約在1500～2000 ppm，再用電解法產生少量的次氯酸水並注入水中，達到殺菌的效果，在濱海有海水游泳池的地方也可採用此法，與用藥殺菌的成本相比較，此種方法是比較便宜的。至於並用臭氧的消毒，其臭氧的產生不可以直接噴入游泳池，而是要用混和器將臭氧導入混合槽，使之瞬間殺菌後，池水再經活性碳過濾筒才流入游泳池中；如果沒有活性碳過濾筒，則池水經混合槽後才能流入游泳池。如果臭氧直接噴入游泳池中，易使在附近的游泳者產生臭氧中毒現象。

七、游泳池的規定

在游泳池的入口處，會有告示牌讓泳客去遵守，例如有心臟病、皮膚病、傳染病等不可下水，下水前要先沖洗身體，不可跳水，穿著泳衣、泳褲並戴泳帽，不可奔跑、互相推擠、大聲喧嘩嬉鬧，不可便溺等規定。

八、游泳池設備保養

游泳池水的除毛過濾器要定期清潔，要檢查自動過濾器的反洗動作是否正常，每日至少要化驗水質4次以上（PH值7～7.5，餘氯含量0.3～0.7ppm），定期保養臭氧產生器。大部分的五星級旅館是工程部自行保養游泳池設備，包括水底燈的維修。

九、游泳池水質的標準

游泳池通常會裝水質監測指示以供客人參考，如**圖12-6**。水質的要求通常包括：

1.自由餘氯：0.3～0.7ppm（太低則無殺菌效果，太高則會傷皮膚）（有自動控自器來調整，太高時可設警報，經中控式電腦提醒操作人員）。

2.酸鹼值：PH6.5～8.0（一般都維持在7.0～7.5間，太低會傷皮膚，太高則會不舒服）。

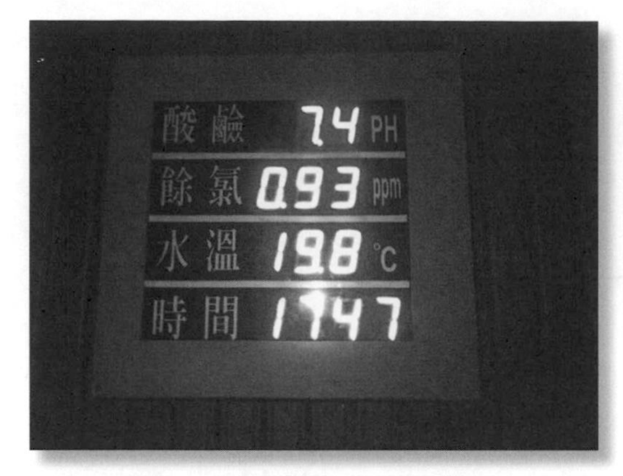

圖12-6　游泳池水質監測指示

3.水溫：25℃～28℃（太低感覺會冷，太高則容易流汗）。

4.清澈度：於水中之能見度可達25 m以上（即濁度爲0.5NTU以下）。濁度的單位是NTU（nephelometric turbidity unit）。

第四節　三溫暖之設計

三溫暖一般包括烤箱、蒸汽室、熱水池、冷水池、冰水池等五種設施。

一、烤箱

一般都利用電熱器來加溫，溫度一般都設在80℃ ～100℃之間，其電熱器之電源要附有漏電斷路設備，以防人員發生感電事故。烤箱內的壁板及座椅一般都是用木質的，普通是用杉木，比較講究的是用檜木，其木質良好而且氣味具有天然木材之香味。烤箱內的溫度頗高，所以要用耐高溫的燈具，緊急廣播喇叭也要用耐高溫的。有些烤箱外裝有電視

機，讓客人可以隔著玻璃看電視，在烤箱內設有溫度計，讓客人知道烤箱內的溫度。在烤箱內掛有沙漏計時器，讓客人知道坐了多久，或隔著玻璃掛有時鐘，讓客人知道時間。有些烤箱內設有耐高溫火警感知器，其感知溫度可以選用130 ℃等級。比較講究一些的烤箱內設有緊急按鈕（Panic Button），以防萬一客人在內身體感到不適，可以按鈕通知服務人員來救護。

二、蒸汽室

蒸汽室有兩種，一種是用砌磚水泥牆並加貼磁磚，另一種是整體玻璃纖維式（FRP組合式）。蒸汽室在使用時，內部充滿蒸汽，而且溫度也頗高，約40℃～50℃，有溫度計可參考。其照明燈具不但要耐高溫而且要防濕型。蒸汽室內也要有緊急廣播用喇叭，當然其喇叭也要是防濕型的。

三、熱水池

熱水池的水溫一般都設定在40℃～42℃之間，並附有Jacuzzi（按摩）的效果，有強力出水噴頭噴出水柱（混合著壓縮空氣），以達到按摩效果。比較省能源的設計是在池邊設有一個水壓開關，當客人要使用Jacuzzi時，壓下此開關便會有五分鐘（可調整）的強力水柱噴出。當客人覺得五分鐘仍不夠時，可以再按此開關，又可以再有五分鐘的強力水柱噴出。熱水池的加溫，有用蒸汽經過熱交換器來加溫，也有用電熱來加溫。以能源的觀點來看，是以蒸汽來加熱較佳，但蒸汽的供應不方便時，當然改用電能也是很方便的。

四、冰水池及冷水池

有些三溫暖不但有冰水池也有冷水池，這是讓有些人若不能適應冰水池之溫度（4℃～7℃），而有冷水池溫度（12℃～15℃）可以選擇。冰水或冷水是由冷凍機來產生，或是利用大樓本身空調用之冰水系統，經熱交換器來產生。冰水池或冷水池的池壁外面及底部要加以保溫，不但可以節省能源，也可以防止冷凝水的產生，而發生漏水事件。在冷水池或冰水池附近的牆上最好能有溫度計顯示池水溫度，以供客人做參考。在水池出入的地方要裝扶手，地面要防滑。

五、三溫暖區的空調

三溫暖的蒸汽室、烤箱、熱水池、冷水池、冰水池及淋浴間通常都設計在同一個區域，而這一區是非常潮濕的，如果空調設計不良，不但人員會感到不舒服，而且相關的裝潢也容易損壞。這些區域的天花板最好採用空心塑膠板，不但可以防潮，不需油漆，也不易結冷凝水。此區域的抽風要充足，讓此區域空調保持負壓，如此才能讓濕氣抽出。該區可以用預冷式空調，讓預冷後的新鮮風送入，不需要回風，另由抽風機將濕氣排出室外。另外一種設計是利用健身房的空調自然流到三溫暖區，再抽出室外，此法不但可以使健身房區域能有多一些的新鮮空氣，也可以使三溫暖區域有適當的空調（大約26℃左右）。

六、個人水療（SPA）

現在有一些高級健身中心或大型旅館內設有此種個人或家庭式水療室（SPA Room），內有熱水按摩池，其大小約足夠四人同時坐在池內，並附有按鈕可以控制噴水的強度（有些會混有壓縮空氣），以達到按摩的效果。其房間內設施一應俱全，有淋浴間、烤箱、蒸汽室，以及按摩床，在此可享受獨立的空間。

七、芳香療法（Aromatherapy，簡稱芳療）

芳香療法是指藉由芳香植物所萃取出的精油（essential oil）做爲媒介，並以按摩、泡澡、薰香精油等方式，經由呼吸道或皮膚吸收進入體內，來達到舒緩精神壓力與增進身體健康的一種自然療法。精油因爲分子極小，有很強的滲透力，透過皮膚能迅速地吸收，並深入皮膚組織到達血液、淋巴等循環系統。精油在體內作用之後，因爲是自然物質，所以能被身體完全排出。按摩的時候加一點薰香，加上心靈音樂以及木棍敲打、摩擦療癒用銅缽時的共鳴聲，會使身心靈放鬆，達到舒壓治療的效果。

第五節　景觀池

景觀池可以分爲室內景觀池、室外景觀池。室外景觀池有噴泉、庭園、小橋、流水、池塘。但是不論是那一種水池，都必須有過濾器及採用紫外線燈具來抑制藻類生長，否則易生青苔。如果有裝水底燈，也要有漏電斷路設備，以防發生人員感電事故。室外噴水池、噴水柱的高度最好能有風速控制，當外界風大時，噴水柱的高度能自動降低，以防被風吹散。近年有些場所會設有音樂水舞噴水池，噴水柱會隨著音樂變化而起舞，配合著彩色燈光一起變化，讓人看了心曠神怡。

第六節　庭園的灌溉

維護庭園植物的良好生長必須要有灌溉，人工澆灌比較麻煩，現今多採自動化系統，自動噴灌與自動滴灌系統各有優、缺點。

一、噴灌系統

(一)噴灌系統的優點

噴灌系統的優點是：

1.費用較低：每一個噴頭的噴灑範圍較廣，只需要設置簡單的管線，裝置的費用低廉。
2.維修容易：噴頭裸露在外，維修更換容易。
3.選用可調式噴頭，可以調整噴水的角度，減少噴濺到外圍。

(二)噴灌系統的缺點

噴灌系統的缺點是：

1.常會噴出植物的範圍，造成水源的浪費。
2.容易受到風勢影響，吹出範圍，上風處容易缺水。
3.容易沖刷土壤介質，造成水土的流失。
4.噴灌後的植物葉片及土壤表面潮濕，水分的蒸散量大，需要較大的水源。

二、滴灌系統

(一)滴灌系統的優點

滴灌系統的優點是：

1.由底部給水，不受風勢影響，均匀給水。
2.由底部提供植物水分，根部直接吸收，給水效益高。
3.蒸散率低，很省水。
4.不會沖刷土壤而流失。

(二)滴灌系統的缺點

滴灌系統的缺點是：

1.從外觀看不出有滴灌系統，未來如果有堵塞時不容易維護，所以加裝過濾器避免堵塞是很重要的。
2.不易從外觀檢查滴灌是否正常，因此加裝水壓計作爲觀察是必要的。

以上兩種系統多半是裝設定時器來灌溉，所以你有可能可以看到下雨時它也會噴水的怪現象，改善的辦法是加裝土壤濕度控制器或晴雨器自動感應裝置，當土壤濕度不足時才會自動補水。

第七節　哺（集）乳室（Breastfeeding Room）

依據衛生福利部國民健康署《公共場所母乳哺育條例》的第五條規定，營業場所總樓地板面積五千平方公尺以上之國際觀光旅館及一般觀光旅館需要設置哺（集）乳室，哺（集）乳室之位置應有明顯區隔之空間，除專供哺集乳外，不得作爲其他用途。依政府所定的《公共場所哺（集）乳室設置及管理標準》，只要有靠背椅、有蓋垃圾桶、電源設備、可由內部上鎖的門、緊急求救鈴及洗手設施（乾洗手也可）等六項設施，即符合哺集乳室的設置標準。台北市衛生局推動「優良哺集乳室認證」，除了法定的基本設備外，也將哺（集）乳室的方向指引、尿布台、母乳專用冰箱、使用中標示、置物空間、母乳宣導資訊等項目納入評分標準（**圖12-7**）。

圖12-7　哺（集）乳室

依照勞動部頒布的《性別工作平等法》第23條（2016年 05 月 18 日修正）：僱用受僱者一百人以上之雇主，應提供哺（集）乳室。所以旅館業者如果員工人數超過一百人以上，也需要設置哺（集）乳室；此外勞動部爲鼓勵雇主設置員工專用哺（集）乳室，訂定《哺集乳室與托兒設施措施設置標準及經費補助辦法》，以獎勵業者。

Chapter 13

設備維護與管理

- 設備維修、保養記錄表
- 整潔與維護
- 旅館設備管理與更新

旅館業的維護，已進入專業化的領域與要求了。旅館的維護，更要以「迅速、確實、預防」的體制為前提。

在籌備與施工期間，就必須依照旅館經營者、營運單位、設計單位、施工廠商等一同協力地製作各種設備的維護手冊，以及簡報檔的說明。尤其是一些重要的合約方式的維護工作，還是需要依賴廠商業者的配合，如電梯、電腦等設備的維護。

第一節　設備維修、保養記錄表

一、設備維修、保養記錄表

有些軟體可以配合設備運轉維修做出各單位請修單，完工後確認、記錄，電腦會依照設備運轉時數自動產生定期保養單，讓工程師去做保養，材料零件的申請與消耗管理全部透過電腦管理。臨時故障的維修也可以將資料輸入電腦，每月所用的耗材費用也可以做出統計報表。電腦上所有的運轉維修保養的相關資料，都必須同步做備份，以防電腦故障時全部資料消失。

現代人力精簡，許多旅館採用分工辦法來處理，天花板的LED燈泡由工程部技術員更換，而桌燈、立燈則由房務員自行更換，其他比較困難的照明燈則由工程人員修理。客房空調的年度保養多半委外施工，空調濾網一般的保養則由工程人員處理。

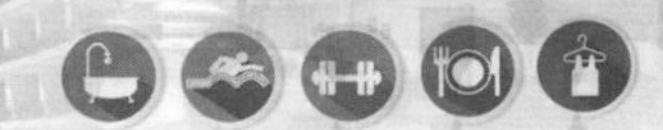

二、建築物與設備的基本重點資料簡報檔

(一)基本重點資料

將建築物的基本資料如高度、樓層用途、面積、各系統圖，設備、銘牌資料、電壓、電流、軸承號碼、設備操作說明、緊急應變處理、設備廠商聯絡資料、設備保固期限、中央監控、空調、電力、消防、CCTV、電梯、房控、各種軟體操作與設定、各種材料型號、供應商聯絡資料、建築與裝修包商聯絡資料、各種證照資料、建照字號、電號、高壓饋線號、自來水號、瓦斯表號、衛生下水道等資料及聯絡電話，各種SOP、緊急應變方法、維修保養方法、衛星電視、門禁刷卡電腦、各種房型平面圖、面積資料，客房設備、電話、浴缸、馬桶、冰箱、保險箱、床墊、電視等型號、設定方法，以及施工時期的剩餘建材或備品存放位置及數量，全部做成簡報檔，平時當作訓練資料，遇有緊急狀況時，還可以翻閱此（葵花寶典）來處理問題。

(二)資料傳承

旅館員工的流動率是非常高的，尤其是開幕的第一年，許多員工接受了各種訓練，沒有多久就離職了，後進的員工在沒有充分的訓練下，就要上場服務客人，如果能夠有一個很好的SOP簡報檔說明，讓員工自我學習，很快地就可以上手。而這個SOP可以一直流傳下去，甚至遇有設備更新時也可以馬上更新，通常這個資料（葵花寶典）至少要撰寫3～ 6個月以上才會完整，這個寶典也是可以讓各部門主管甚至總經理或是業主用來練功的秘笈。

有關SOP標準作業程序也可以做成圖書版，另外大樓設備系統的說明簡介也可做成說明書版，以方便閱讀。

三、設備維修、保養記錄表

旅館所有的設備都必須建立基本資料，就像醫院的病歷表一樣，每次維修、保養，就將內容摘要填入記錄表中，做爲日後的修理判斷（**表13-1**）。

表13-1　設備保養卡

資產編號

設備編號		設備名稱		設備地點	
廠牌&型號		製造商／代理商		尺寸	
容量		揚程		流量（min／L）	
供電盤名／編號		NFB／ELB 規格 廠牌		安裝日期	
馬力（HP／KW）		額定電壓（V）		額定電流 （A）	
馬達／壓縮機 廠牌		馬達／壓縮機 型號		額定轉速 （rpm）	
馬達軸承（前）		馬達軸承（後）		座式軸承	
濾網型式		濾網規格		皮帶	
溫控器型號		電磁接觸器 型號		冷媒	
壓力（Kg/cm^2） （進）		壓力（Kg/cm^2） （出）		壓力範圍 （Kg/cm^2）	
水溫（℃） （進）		水溫（℃） （出）		水溫範圍 （℃）	
進水管徑（"）		出水管徑（"）		排水管徑（"）	

保養週期：
保養紀錄：

第二節　整潔與維護

機房與設備的基本保養就是整潔與清掃，不但使工作環境安全，如果有漏水或漏油，很容易就會被發現，需要立刻去修理。

一、整潔清掃

1.設備機房的地方由工程部人員施作，有旋轉的機器要特別注意，必要時要停機來施作。
2.水泥地面容易有灰塵，如果做成環氧樹脂地面，會比較容易保養。

二、維護手冊

1.維護保養手冊要保存數位電子檔，萬一紙本的維護保養手冊弄髒或遺失，可以再印，同時製作員工訓練的電子檔，也比較容易。
2.雖然有維護手冊，但是要定期舉辦員工訓練，甚至測試、考核，確保員工作正常的操作、修理、保養。

三、請修

傳統方式的請修單（Work Request）一般爲一式兩聯。由請修單位填寫，單位主管簽核後，送到工程部，工程部收到後簽收，留下一聯，另一聯還給請修單位，然後安排相關人員去工程倉庫請領相關的材料，在適當的規定時間內修繕完畢。所以旅館的維護費用的第一個來源，就是依「請修單」請領的「材料費」。現在各單位間已有網路電腦化的請修單，修理、回報都不會漏掉。

第三節　旅館設備管理與更新

一、設備管理

旅館的設備必須要有一套完整的計畫，如年度的設備更新計畫、預算的建立，然後依照工程部門所建立的標準維護工作流程，指派相關人員確實執行，並且也要建立對緊急事件處理的對策，茲將設備管理的業務簡述如下：

(一)一般管理及能源管理

此乃旅館設備管理及能源管理的基本方針，重點如下：

1.年度計畫、預算的建立，提出各項維護管理報告書。
2.向政府機關申報消防安全、建築安全有關資料，還有消防編組及消防演習。
3.配件、消耗品、工具購入與保管。
4.能源效率管理，導入ISO 50001管理系統是比較有效的方法，這是要全體員工共同來努力的管理工作。

(二)營運監控管理

營運監控管理是要靠中控電腦及其他儀器來量測記錄分析判斷，並做出預防性保養以減低故障率，重點如下：

1.各種機器的運作、警報的監控。
2.測量、記錄、驗收。
3.室內環境條件的調查。

(三)維護管理

分爲日常的檢點與定期的檢點，這種檢查一定要確實，不可敷衍，否則設備易生故障。重點如下：

1.設備機器的整備檢點。
2.過濾網的清潔、故障的修理。
3.冷卻水塔、儲水槽的清潔。
4.電扶梯、電梯的保養（電梯公司負責）。
5.洗衣房、健身房設備的保養。
6.廚具、客房內設備的檢點。
7.消防設備及發電機要定期測試，以確保緊急要用時可以正常運轉。

(四)修改工程

旅館營運一段時間後，通常會有修改工程或改建工程，一定要合乎公司財務部門的規範，才能防微杜漸，包含工程的發包、檢查、會勘、驗收等，一切都要合乎公司的規定，例如：採購需要至少三家比價、開標、簽約，完工後，各單位會同驗收。

(五)危機處理（Crisis Management）

旅館開始營運後或多或少都會遇到特殊狀況，對於緊急或突發案件的處理與對策，必須製作緊急事件通報流程處理計畫，包括緊急聯絡人名單、政府相關部門聯絡電話、媒體發言人、正向回應、善後處理等。

製作危機處理範本，例如： 火災、地震等意外災害處理，客人意外或死亡處理步驟，員工意外或死亡處理原則，搶劫或竊案發生處理方法等，基本處理原則是合法、負責、維護公司名譽，必要時聯絡法律顧問來協助處理。

旅館必須建立由部門主管組成的危機管理團隊，以及組織中各部門的代表，包括總經理、副總經理、財務總監、工程經理、安全經理、電腦經理、客房部經理、餐飲經理、行政管家、業務經理、公關經理、人事經理等。建立災難恢復程序並進行必要的測試和演練（半年一次），內容如**表13-2**。

表13-2　模擬危機／災難情況

項目	內容	項目	內容
1	供電故障模擬	9	網路電腦中毒
2	電梯系統故障模擬	10	電信系統故障
3	PMS故障模擬	11	空調系統故障
4	在游泳池模擬溺水	12	中央監控自動化系統故障
5	同事來賓的心臟病發作模擬	13	炸彈恐嚇
6	火災報警系統故障	14	淹水
7	瓦斯供應故障	15	自然災害
8	供水故障	16	火災消防

地震應變

台灣時常發生地震，平時就要注意，容易傾倒的物品都要固定，以免影響逃生，安全通道不可阻塞。

當地震發生時最重要的就是保護頭部、頸部避免受傷，應立即採行「趴下、掩護、穩住」的動作，躲在桌下或是牆角，躲在桌子下時可握住桌腳，當桌子隨地震移動時，桌下的人也可隨著桌子移動，形成防護屏障，避免受傷。如果是蹲在牆角或床邊等其他地方避難時，要小心家具、電器、燈具、櫥櫃或貨架等。如果是在廚房工作，要立刻將爐火關閉，防止火災發生。**表13-3**是大樓地震後檢查項目。

地震後要迅速檢查大樓各處，遇有不正常處要立即拍照記錄，盡速排除故障，使旅館能夠馬上正常營運，如果客人已受到驚嚇，必須安排廣播來安撫客人。

至於旅館本身是否位於地震的斷層帶附近，可以經由網路查詢（經濟部中央地質調查所－台灣活動斷層觀測系統及便民查詢服務 http：//fault.moeacgs.gov.tw/MgFault/），如果預定計畫建築旅館的預定地，恰好位於地震的斷層帶附近，則建議建築物的耐震係數要提高一些，才會比較安全。

表13-3　地震後檢查項目

地震後檢查項目 Earthquke Procedure Check List			
項目	內容	檢查結果	備註
1	屋頂水箱、衛星天線、冷卻水塔、安全門檢查。	□是　□否	
2	電梯檢查。	□是　□否	
3	外牆檢查，從1F查看旅館建築物外觀是否異常。	□是　□否	
4	各樓層檢查，是否有不明漏水，再追查原因及處理。	□是　□否	
5	空調主機、發電機、鍋爐等重要設備檢查。	□是　□否	
6	自來水箱、油水分離機、污水泵檢查。	□是　□否	
7	如果地震造成瓦斯總開關閉鎖，要通知廚房切勿開瓦斯，再通知瓦斯公司來處理。	□是　□否	
8	廚房、鍋爐瓦斯漏氣檢查。	□是　□否	
9	變電站設備檢查。地下室連續壁是否異常滲水？	□是　□否	
10	4級以上地震，請房務部檢查客房門及客房內設備。	□是　□否	

(六)連鎖旅館的稽核制度（Annual Audit）

連鎖旅館的總部每年會派區域主管來做稽核，考核設備保養、能源效率，檢討需要改進的地方，以保持連鎖旅館的優良品牌形象。

一般性的旅館多數欠缺有效的稽核制度，當然對於許多設備只有修理，沒有預防性或預知性保養，也沒有能源效率檢討，所以可能會使得隱性的花費較高，當然意外事件也會高，同樣地形象也會較差。如果業主願意請專家來做稽核，就像年度身體檢查一樣，可以瞭解旅館本身的缺點（自己的缺點往往看不見），來進行改善。

二、旅館的更新周期計畫

興建一間新的旅館比較容易，維護一家旅館在20年後還能像新的一樣，那就非常的不簡單了，所以任何經營者都必須要有「經常維護」與「更新」的觀念。茲將一般旅館的更新說明如下：

(一)開幕後1～2年

開幕後的第一年，所有設備都已調整至最佳狀態，人員訓練及SOP也已步入正常穩定情況。

(二)開幕後3～4年

依照營業狀況，全館相關設施方面的問題點必須改善補強，或調整有關部門不當的設施，以改善缺點，提升營業額。

(三)開幕後第5～7年改裝

時代不斷地進步，趨勢也會有變動，流行潮流也會與時俱進，觀念

也要跟著改進，硬體與軟體都必須更得上時代。

1.針對餐飲的設施、咖啡廳或是部分餐廳，可能需要做一些調整。
2.大廳櫃檯的電腦設備，硬體方面的年限到期計畫，檢視計畫討論是否必須更新，還有軟體方面，更新系統的提升。
3.公共區域內裝的修補，也應當在5～7年內維護。

(四)開幕後第10年

這時是旅館的總檢討重要時期：

1.客房內裝全面更新：因爲家具陳舊，色彩不對稱，設計的水準也過時了，這些包括了沙發布、床罩、地毯、壁紙、壁布、櫥櫃的木皮及油漆，還有浴室設備五金也應考慮汰舊更新或重新電鍍。
2.第10年時館內機器設備雖未達到使用年限，也就是還未達到更新的狀況，但在系統、管路方面如果是鋅鐵管，可能有部分腐蝕現象，在內裝全部更新的同時，一併換管補修，以免在營業中發生故障或意外事件，造成賓客的不便。

(五)開幕後第15～20年

旅館的主要設備、機器系統可能都已經達到使用年限，所以必須評估及更換配管系統的工作。

因此旅館如果要永續經營，在早期內就要設定長期的運作目標，或配合第10年及第15～20年等的周期性改裝更新的基本觀念，作前瞻性的更新投資計畫（例如客房的水管一開始就採用不銹鋼管，投資成本可能較高，但它不會產生紅鏽水也不會腐蝕；其實旅館一方面營運同時又要施工，是很痛苦的一件事，甚至有些地方根本無法施工，除非是停業一段日子，才能施工）。

其實旅館的重要設備只要保養得宜，使用年限可以超過20年，甚至超過40年，例如電梯、冰水主機、柴油緊急發電機、高壓設備等。

Chapter 14

相關證照、檢查、評鑑、結論

- 旅館人員需要的相關證照
- 旅館的相關檢查及標章認證
- 清真餐廳旅館認證
- 星級旅館評鑑（交通部觀光局）
- 旅館的建築物公共安全檢查與消防安全設備檢修申報說明
- 如何管理旅館工程部
- 結論

旅館開始營運後需要面對一些相關法令以及檢查，有些是強制必須的，有些是可以提升管理與形象，同時也可以增加生意的機會。

第一節　旅館人員需要的相關證照

旅館的從業人員，有些是需要相關證照的，有些是要向政府相關機構申報的，有些是要備查的，也就是說當發生事故意外時，如果僱用無相關證照者時，是要被處罰的。需要相關證照的人員有：

1.電氣負責人（專任電氣技術人員）（一般是會委託專業顧問公司來負責）。
2.防火管理人（消防負責人）。
3.防災中心値勤人員（消防局受訓合格）（向消防局提報）。
4.室內空氣品質維護管理專責員（依據《室內空氣品質管理法》第6條及第9條）。
5.衛生下水道（廢水處理專責人員）（環保署規定）。
6.鍋爐、壓力容器操作人員（依據《鍋爐及壓力容器安全規則》）。
7.職業安全衛生管理師、員（各類事業之事業單位應置職業安全衛生人員表）。
8.吊籠操作人員（有洗窗機設備的大樓，需要維修外牆等相關工作）。
9.救生員（游泳池）。
10.急救人員（《勞工健康保護規則》）。
11.自動體外心臟除顫器（Automated External Defibrillators, AED）操作人員（超過二百五十間客房之旅館，在大廳附近需備有AED），依據《緊急醫療救護法》第十四條之一第一項。
12.其他（水匠、電匠、室內配電技術士，冷凍空調技術士等）

（工程部人員）。

13.根據衛生福利部《食品良好衛生規範準則》，觀光旅館之餐廳調理烘焙從業人員之烹調技術士證持證比率應達百分之八十以上。

第二節　旅館的相關檢查及標章認證

一、相關檢查

1.建築物公共安全檢查簽證及申報（每年1次）（內政部營建署2010年5月24日）。

2.消防安全設備檢修申報（每半年實施一次）（內政部消防署2005年3月1日）。

3.觀光旅館相關檢查。

(1)觀光旅館籌設核准（a.書面審查，b.簡報說明）。

(2)觀光旅館營業執照檢查（現場會勘）（工程部配合）。

(3)觀光旅館年度檢查（第2年開始）（工程部配合）。

(4)星級旅館評鑑「建築設備」與「服務品質」兩階段進行，第一階段針對旅館硬體建築考核，依照積分獲得一顆星、兩顆星與三顆星，得到三顆星的旅館，可進入第二階段，進行服務品質考核，成為星級旅館後，有效期為3年（分數超過875分以上者，核給卓越五星級）（行政部門、工程部配合）。

(5)員工健康檢查（每年1次）（人事部）。

(6)消防檢查（不定期）（工程部）。

(7)衛生檢查（餐飲、三溫暖水質、游泳池水質）（不定期）（客房、餐飲、工程部配合）。

(8)衛生下水道放流口抽檢（不定期，約半年1次）（工程部配合）。

二、觀光旅館相關申報

觀光旅館需要向政府申報一些相關資料，自營運開始前就必須完成一些手續：

1.防火管理人申報（營運開始前）（工程部）。
2.電氣負責人申報（營運開始前）（工程部）。
3.停車場營業登記證申報（營運開始前）（停車場營業登記證有效期5年，每年不定期抽檢）（工程部配合）。
4.職業安全衛生管理申報（職業安全衛生業務主管、管理員），例如台北市政府勞動局勞動檢查處不定期檢查（營運開始前）（工程部或人事部）。

三、觀光旅館年度相關檢查

觀光旅館每年需要向政府有關部門申請相關設備檢查，以維護公共安全檢查，包括：

1.鍋爐、壓力容器年度檢查（第2年開始）（工程部）。
2.洗窗機年度檢查（第2年開始）（工程部）。
3.電梯年度檢查（第2年開始）（工程部）。
4.公園及行道樹認養契約書（5年有效，到期換約）（不定期檢查）（如無認養則免）。

四、旅館相關標章

觀光旅館可以向有關單位申請商標認證，加強管理以提升品牌知名度。常見的標章有：

1. ISO 14001國際環境管理系統（**圖14-1**）。
2. ISO 9001品質管理系統（**圖14-2**）。
3. ISO 22000食品安全管理系統（**圖14-3**）。
4. ISO 18000（OHSAS 18001）職業安全衛生管理系統（**圖14-4**）。
5. ISO 50001能源管理系統（**圖14-5**）。
6. 耐震標章（**圖14-6**）。
7. 防火標章（**圖14-7**）。
8. 綠建築標章（**圖14-8**）。
9. 智慧建築標章（**圖14-9**）。

圖14-1　ISO 14001國際環境管理系統

圖14-2　ISO 9001品質管理系統

圖14-3　ISO 22000食品安全管理系統

圖14-4　OHSAS 18001職業安全衛生管理系統

圖14-5　ISO 50001能源管理系統

圖14-6　耐震標章

圖14-7　防火標章

圖14-8　綠建築標章

圖14-9　智慧建築標章

五、旅館相關認證

(一)美國綠建築認證（Leadership in Energy and Environmental Design, LEED）

美國綠建築認證（LEED）是環保綠建築認證，許多國際級旅館會申請，以提高知名度，員工也需要被訓練相關知識，保持環保作為。

圖14-10 LEED金級認證

美國綠建築認證適用建物類型包含：新建案、既有建築物、商業建築內部設計、學校、租屋與住家等。對於新建案（LEED NC），評分項目包括7大指標：永續性建址（Sustainable Site）、用水效率（Water Efficiency）、能源和大氣（Energy and Atmosphere）、材料和資源（Materials and Resources）、室內環境品質（Indoor Environmental Quality）、革新和設計過程（Innovation and Design Process）、區域優先性（Regional Priority）。

評分系統中，總分為110分。申請LEED的建築物，如評分達40-49，則該建築物為LEED認證級（Certified）；評分達50-59，則該建築物達到LEED銀級認證（Silver）；如評分達60-79，則該建築物達到LEED金級認證（Gold）；如評分達80分以上，則該建築物達到LEED白金級認證（Platinum）。

(二)星級旅館評鑑（觀光局）

交通部觀光局自2009年開始舉辦星級旅館評鑑，鼓勵旅館接受評鑑，維持一定服務水準。申請相關資訊請見本章第四節（**圖14-11**）。

星級旅館五星　四星　三星　二星　一星

圖14-11　星級旅館認證標章

(三)環保旅館（環保署）、環保旅店（環保局）

環保旅館的環保標章（**圖14-12**）需要向環保署申請，要求標準較高，需要第三方公證公司來評鑑檢查，客房採用告示卡或其他方式說明，讓房客能夠選擇每日或多日更換一次床單與毛巾，在浴廁或客房適當位置張貼（或擺放）節約水電宣導卡片。環保旅店標章只要向地方環保局申請，門檻較低，環保旅店不主動提供一次性即丟備品，包含保麗龍、塑膠及紙製的杯、碗、盤，及免洗筷、叉、匙等，只要向地方環保局申請，門檻較低，目前已有一千餘家旅館取得標章（**圖14-13**）。

(四)大陸綠色旅館

大陸的綠色旅館分爲A級至AAAAA級，以銀杏葉爲標誌，分爲一葉到五葉等級，越多葉就越高級。五葉級由國家評定機構評定，四葉級

圖14-12　環保旅館標章

圖14-13　環保旅店標章

及以下由省級評定機構評定。

第三節　清真餐廳旅館認證

一、認證說明

對台灣的旅遊從業人員來說，穆斯林旅客是一個相對新興的客源市場，伊斯蘭教在全球有著超過16億的信徒，而距離台灣最接近的東南亞也有超過2億穆斯林，代表著這個市場的潛力無窮。根據全球穆斯林旅遊指數，台灣爲穆斯林造訪非回教國旅遊的第7名。

台灣爲吸引更多穆斯林旅客，在台灣主要交通樞紐，包含機場、車站、國家風景區、國道服務區，都設有穆斯林祈禱室，並考量穆斯林飲食與朝拜等生活習慣，規劃穆斯林友善的旅遊行程，營造對穆斯林朋友友善的旅遊環境。在餐飲服務上，則推動Halal、Muslim或Muslim Friendly等認證標章。

旅館要申請清眞餐廳旅館認證，必須先評估自身的空間是否夠大，不但是餐廳，而且客房也要有部分房間需要配合，最好是數個樓層，比較容易管理，當然在業務規劃方面，需要有源源不絕的客源，員工訓練方面也要能配合，最好能有信奉伊斯蘭教的員工，服務方面也能得心應手，與穆斯林旅客溝通也容易。

如果旅館本身有餐廳及飲料吧，至少有一間餐廳是取得認證的清眞餐廳（或穆斯林友善餐廳），或是有一處專用獨立清眞料理廚房及清眞餐飲專區，炊具及餐具均爲清眞用。清眞餐廳的專用獨立廚房（包括烹調器具洗滌器具、冷藏設備與儲藏處、餐具置物處等）、穆斯林早餐食品置物檯、設置穆斯林用餐區等，需符合穆斯林Halal清眞飲食之規定。部分客房數需提供穆斯林禮拜便利之設備（包括明顯且精準貼示禮拜方

向標誌、禮拜毯、穆斯林餐廳地圖），與浴室內需設置淨下身設備（可以是免治馬桶）。

取得清眞餐廳旅館認證後，由於認證單位衆多且各認證有一定效期，請參考交通部觀光局網站「首頁>行程推薦>穆斯林友善環境>接待穆斯林餐廳及旅館」或洽中國回教協會、財團法人台北清眞寺基金會、台灣伊斯蘭協會等單位，查詢最新認證的名單。

手機APP也可以下載穆斯林友善餐廳旅館的相關資料，做爲參考（**圖14-14**）。

二、認證單位

目前台灣提供清眞餐廳旅館認證單位及項目如下：

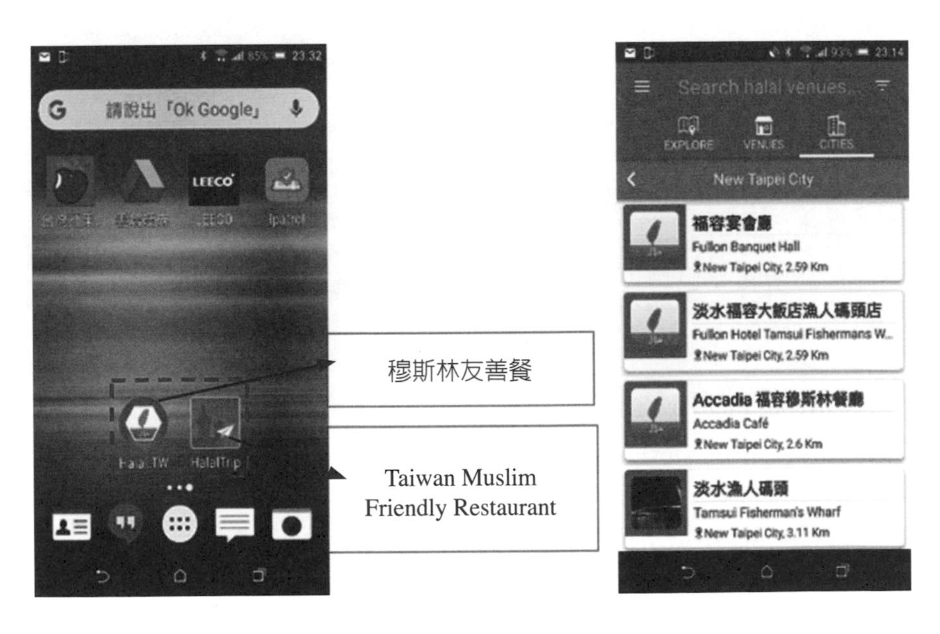

圖14-14　穆斯林友善餐廳旅館的手機APP

(一)中國回教協會

中國回教協會簡稱回協，是中華民國的回教組織，官網爲www.cmainroc.org.tw，其認證項目爲：

1.Muslim Restaurant，簡稱MR（清眞穆斯林餐廳）。
2.Muslim Friendly Restaurant，簡稱MFR（穆斯林友善餐廳）。
3.Muslim Friendly Tourism，簡稱MFT（穆斯林友善餐旅）。
4.Halal Kitchen，簡稱清眞廚房。

(二)財團法人台北清眞寺基金會

台北清眞寺是可以朝拜的場所，官網爲www.taipeimosque.org.tw，其認證項目爲：

1.Muslim Certification Hotel，簡稱MCH（穆斯林友善便利旅館）。
2.Muslim Friendly Tourism，簡稱MFT（穆斯林友善餐旅）。

(三)財團法人中國回教協會高雄清眞寺

高雄清眞寺也是可以朝拜的場所，官網爲www.kh-masjid.org.tw，認證項目爲：

1.Kaohsiung Halal，簡稱KH（高雄清眞餐廳）。
2.Kaohsiung Muslim Restaurant 簡稱KMR（高雄穆斯林餐廳）。

(四)國際穆斯林觀光產業聯合發展協會

爲提升台灣之國際旅遊品質，建構優質的穆斯林觀光旅遊環境而成立的組織，官網爲www.imtida.org，其認證項目爲：

1.Muslim Friendly Hotel Rating Systems，簡稱MFHRS（穆斯林友善旅館）。

2.Muslim Friendly Restaurant，簡稱MFR（穆斯林友善餐廳）。

3.Muslim Friendly Envienment，簡稱MFE（穆斯林友善環境）。

(五)巴勒克清眞產業有限公司

由馬來西亞巴勒克資本公司授權在台灣設立的清眞產業服務機構，官網爲www.barakah101.com/about.php，認證項目爲Muslim Friendly Hotel，簡稱MFH（穆斯林友善旅館）。

(六)台灣伊斯蘭協會

台灣伊斯蘭協會的清眞證書及標章通行全世界（馬來西亞和印尼除外），除交通費之外，以店面爲主的申請單位則完全免費。官網爲www.iat.org.tw，其認證項目爲：

1.All Halal，簡稱AH（全清眞餐廳）。

2.Halal Corner Included，簡稱 HCI（附設清眞專區）。

第四節　星級旅館評鑑（交通部觀光局）

筆者自1982年開始接觸國際觀光旅館五朵梅花評鑑，感覺旅館的品質有不斷地提升，其中也有一些旅館因爲維護不力而遭降級的例子，剛開始五朵梅花評鑑是由交通部觀光局會同建築、消防、安全及衛生等相關單位及專家組成評鑑小組負責辦理，被評鑑的旅館無不戰戰兢兢地來準備。當時只是注重硬體的設施狀況與相關文件以及清潔狀況，而且並無神秘客匿名無預警留宿，以測試員工服務效率和應變能力。

現在旅館可以透過星級旅館評鑑可以提升旅館形象，進而提高住房率，員工也可以得到相關經驗並養成良好習慣，以維持旅館水準。

一、星級旅館評鑑作業要點

交通部觀光局為輔導旅宿業品質朝向優質化精進及建立我國星級旅館品牌形象俾與國際接軌，觀光局參酌美國旅館評鑑機構（AAA）制度，輔以台灣產業經營現狀，研訂我國旅館評鑑標準，以客觀且具公信力之評鑑標準，呈現旅館所提供服務之品質及其市場定位，藉由評鑑過程帶動旅館業提升軟硬體設備，並區隔市場行銷定位，提供國內外旅客具備安全、衛生與服務品質之住宿選擇依據。

自2019年4月起除了有星級旅館評鑑之外，又增加了卓越五星級旅館以提升形象。

卓越五星級旅館係指此等級旅館提供旅客之服務、清潔、安全、衛生及設施已超越五星級旅館，達卓越之水準（五星＋）。

星級旅館評鑑分為「建築設備」及「服務品質」二階段辦理，配分合計一千分：

1.「建築設備」評鑑基準表配分為六百分，分A、B二式。
2.「服務品質」評鑑基準表配分為四百分。

為鼓勵旅館提升品質，朝友善服務、永續經營、智慧科技及多元化特色發展，「建築設備」及「服務品質」評鑑項目設「加分項目」，分別為三十分及二十分，合計五十分。以上資料整理請參閱本書附錄一。

參加「建築設備」評鑑之旅館，經評定為一百分至一百八十分者，核給一星級；一百八十一分至三百分者，核給二星級；三百零一分至六百分而未參加「服務品質」評鑑者，核給三星級。

參加「服務品質」評鑑之旅館，「建築設備」與「服務品質」兩項總分未滿六百分者，核給三星級；六百分至七百四十九分者，核給四星級；七百五十分至八百七十四分者，核給五星級；八百七十五分以上者，核給卓越五星級（五星＋）。

二、卓越五星級旅館等級說明

為因應卓越五星等級，要點也重新規定「建築設備」與「服務品質」評鑑項目的分數級距，若總分未滿600分者，核給3星級；600分至749分者，核給4星級；750分至874分者，核給5星級；875分以上者，核給卓越5星級。

加分項目一共30分，達成下列，每項目1分或2分，至多認定20分（與基準表非加分項目重複者，不予計分）。

1.親子友善：兒童盥洗備品、浴袍、拖鞋、嬰兒車、兒童餐點（以上項目1分）；兒童馬桶、兒童餐檯、親子遊樂區、哺乳室、親子房設置（以上項目2分）。
2.宗教友善：客房提供三種以上經書、祈禱毯（回教）（以上項目1分）；禮拜空間、宗教認證餐飲（穆斯林友善便利旅館）、免治馬桶（以上項目2分）。
3.寵物友善：寵物食品、寵物用品（以上項目1分）；寵物旅館（2分）。
4.科技友善：智慧型餐飲服務系統、智慧型停車系統、智慧型房控系統、智慧型旅客識別系統、電動車充電系統（以上項目2分）。
5.女性友善：女性專屬備品、女性尺寸浴袍（以上項目1分）；女性樓層、婦幼停車位、停車場緊急呼救系統（以上項目2分）。
6.樂齡友善：印刷字體放大、提供眼鏡（以上項目1分）；特殊餐飲菜單、客房／浴室扶手（以上項目2分）。

7.身障友善：輪椅、點字菜單、點字印刷品、輪椅櫃檯（以上項目1分）；逃生警示燈號、震動警示寢具、聾啞電話、字幕電視、點字指標系統、點字電話、泳池入池輔助器、輪椅自動開門系統、客房／浴室求助警鈴（以上項目2分）。

8.健康友善：特殊餐飲菜單、防過敏寢具、Pillow Menu（睡枕選單）、空氣清淨房（以上項目2分）。

達成下列任一項目者，可累計分數，至多10分。

1.建築物取得綠建築標章：銅級3分，銀級5分，黃金級7分，鑽石級10分。

2.旅館設計具有特色主題（5分）：具設計主題特色1分，全館一致3分，能與周遭環境融入或主題極具吸引力5分。例如：環保主題、人文主題、文創主題、藝術主題、科技主題、客製服務主題、深度體驗主題、健康主題、青年旅遊主題、結合地方特色主題、其他創意設計主題等。

卓越五星級旅館的公共廁所設有免治馬桶，且達總間數80%以上；客房內設有免治馬桶，且達總客房間數80%以上。免治馬桶設置比例自2020年5月1日起生效。

在星級旅館評鑑期間會有神秘客匿名無預警留宿抽查，茲將神秘客檢查及評分參考內容置於本書附錄二，以供參考做評鑑準備。

第五節　旅館的建築物公共安全檢查與消防安全設備檢修申報說明

一、建築物公共安全檢查

(一)建築物公共安全檢查簽證及申報（每年1次）

據《建築法》第77條第3項規定，建築物若屬於供公眾使用或經內政部指定之非公眾使用者，該建築物之所有權人、使用人應就其建築物構造及設備之安全，委請中央主管建築機關（即內政部）認可的專業機構或專業檢查人員辦理檢查簽證，其檢查簽證結果應向當地主管建築機關申報（在台北市應向台北市政府都市發展局所屬的台北市建築管理處申報）。

(二)消防安全設備檢修申報

旅館屬於甲類場所，應每半年實施一次消防安全設備檢修申報。

各類場所消防安全設備之檢修期限及申報備查必須依規定申報，通常會委託專業申報機構來辦理，應檢修之消防安全設備，是於當地消防機關會勘通過之合法場所，爲消防安全設備竣工圖說所載項目，有消防安全設備不符規定者，應清楚載明其不良狀況情形、位置及處置措施。

二、申報

建築物所有權人、使用人委託專業機構或人員檢查申報後，申報書經主管建築機關審查結果，符合規定者，即會發給「建築物防火避難設施與設備安全檢查申報結果通知書」，俟接獲該通知書始完成申報程序。不過，如有檢查不合格項目提列「改善計畫書」者，申報人必須按通知書所載的「改善期限」自行改善完竣，並於改善後重新申報。

三、建築物公共安全檢查簽證項目表

標準檢查專業機構或專業人員應依防火避難設施及設備安全標準檢查簽證項目表辦理檢查（**表14-1**），並將標準檢查簽證結果製成標準檢查報告書。

表14-1　防火避難設施及設備安全標準檢查簽證項目表

<table>
<tr><th>項次</th><th>檢查項目</th><th>備註</th></tr>
<tr><td rowspan="10">(一)防火避難設施類</td><td>1.防火區劃</td><td rowspan="16">一、辦理建築物公共安全檢查之各檢查項目，應按實際現況用途檢查簽證及申報。
二、供H-2組別集合住宅使用之建築物，依本表規定之檢查項目為直通樓梯、安全梯、避難層出入口、昇降設備、避雷設備及緊急供電系統。</td></tr>
<tr><td>2.非防火區劃分間牆</td></tr>
<tr><td>3.內部裝修材料</td></tr>
<tr><td>4.避難層出入口</td></tr>
<tr><td>5.避難層以外樓層出入口</td></tr>
<tr><td>6.走廊（室內通路）</td></tr>
<tr><td>7.直通樓梯</td></tr>
<tr><td>8.安全梯</td></tr>
<tr><td>9.屋頂避難平台</td></tr>
<tr><td>10.緊急進口</td></tr>
<tr><td rowspan="6">(二)設備安全類</td><td>1.昇降設備</td></tr>
<tr><td>2.避雷設備</td></tr>
<tr><td>3.緊急供電系統</td></tr>
<tr><td>4.特殊供電</td></tr>
<tr><td>5.空調風管</td></tr>
<tr><td>6.燃氣設備</td></tr>
</table>

法規來源：《建築物公共安全檢查簽證及申報辦法》。

旅館的這些設施與設備平時就要維護好，緊急狀況時就會發揮效果，而每年的建築物公共安全檢查簽證及申報就會很容易過關。

四、建築物公共安全檢查申報與消防安全設備檢修申報有何不同？

建築物公安檢查申報與消防設備檢修申報係屬二事，兩者的法令依據、主管機關、檢查項目、申報時間及專業人員資格等均不相同，茲就兩者比較整理如**表14-2**。

表14-2 建築物公共安全檢查申報與消防安全設備檢修申報之差異

	建築物公安檢查申報	消防安全設備檢修申報
法令依據	《建築法》第77條、第91條建築物公共安全檢查簽證及申報辦法	《消防法》第9條、第38條各類場所消防安全設備檢修及申報作業基準
主管機關	建築主管機關	消防主管機關
申報義務人	建物所有權人、使用人	管理權人
檢查人資格	領有專業檢查人認可證者	消防設備師、消防設備士
檢查項目	防火避難設施類11項、設備安全類6項，合計17項	計有滅火器、消防栓、火警自動警報設備等共21項
申報頻率	依用途類組分別每一、二或四年申報一次	甲類場所每半年檢修一次，甲類以外每一年申報一次

第六節　如何管理旅館工程部

一、規劃管理

旅館的工程部門是旅館非常重要的一個部門，必須要妥善管理才能成功。國際連鎖旅館的管理體系會要求工程部主管與總經理大約在旅館開幕前一年，就要進駐旅館營運團隊，工程部主管要參與各種施工會議，瞭解各種系統圖及各區施工的細節，也要考慮到設備相關維修及保養的空間，並做出相關設備管理的SOP，可以使旅館很順利地營運二、三十年以上。

工程部門的主要幹部需要在旅館開幕前三個月到任，協助驗收與接收各區與各種設備，以及申請營運後的各種主要設備的配件、工具、相關耗材等；主要設備的配件包括軸承、各種開關、保險絲等，工具方面包括個人工具及大型維修用工具（各種電動工具、拔輪器、電焊機、氣焊機、砂輪機等）。

一個有四、五百個房間以上的旅館工程部門大約會有木工、油漆、水泥、園藝、電力、電子、空調、鍋爐水管、機械、倉庫管理、職業安全衛生、消防官等編制，員工大約會有28～38人之間（依照房間數與面積會有所不同），二十多年前旅館開幕時僱用的人員較多，近年來人員精簡，人員編制也減少，請參見**表14-2**。

人員編組是否足夠，要從設備故障率、能源效率與顧客滿意度來看，一時的節省人力，表面上好像省了一些金錢，但是實際上會讓客人感覺到處保養不良，東西老舊，功能不佳，設備維護只是搶修而無保養，總結來說，是要花更多錢的。

表14-2 旅館工程部組織人數參考表

職稱＼房間數	850	420	334	208	194	223	104	179	88
協理	1	1	1						
副協理	1	1							
經理	2		1	1	1	1	1	1	1
副理	2		1	1	1	1	1	1	
消防官		1							
安全衛生管理師		1							
安全衛生管理員		1							
工程師	7	7	4						
主任				1	2	1	1	1	
領班	5	3	4	2	4	3			
技術員	20	16	18	9	8	6	6	3	
助理	1		1	1	1		1		
倉管	1	1			1				
總人數	40	32	30	15	18	12	10	6	1

二、訓練

人員的訓練非常重要，對於各種系統要製作現場照片簡報檔來加強訓練，讓員工很快、很容易地瞭解各種系統，同時要模擬跳電、設備當機、故障等意外狀況，讓員工知道如何應變解決；爲了要瞭解訓練成果，也要對員工做測試。連鎖國際旅館對於重要幹部會有接班人計劃訓練，也就是防止一旦有狀況立刻可以有適當人選可以接替，避免臨時出狀況。工程部門要負責旅館內硬體設備（給排水、鍋爐、空調、消防、機電、廚房設備、洗衣房設備）運轉正常、維修與保養，使各部門能夠運作正常並能提供熱忱的服務，來滿足客人的需要；更重要的是各部門員工對於各種設備要能正確地操作及做基本的保養，否則設備容易經常故障，不但影響作業更會增加成本。

三、節約能源

能源費用在旅館的經營成本中所佔的比例很高，能源的管理非常的重要，全旅館都要注意能源的消耗。在八百個房間的旅館（年住房率約70.8%），能源的費用大約會佔整個收入的2.4%左右（這個比率，可以說是在旅館界中的翹楚）。在平時日常管理中，各部門要對能源安裝計量（水錶、電錶）設備的地方能夠有系統地瞭解，並按計劃每月作一次抄錶核對，對水、電、瓦斯（油）用量超過平均水準的，要分析原因並且做成比較分析圖表，例如每平方公尺的耗能或每位顧客的平均耗能。此外也要考慮到住房率（住房率高則顧客的平均耗能就會降低）、室外氣溫及空氣的相對濕度條件，這些都會影響耗能。同時，工程人員在平時維護工作和巡查過程中，對各部門可能的浪費現象要即時制止，並作好記錄，由部門經理隨時與各部門溝通，以達到防止能源浪費的問題。此外，環保與節約用水的觀念也非常重要，不但要向員工推廣，也要將觀念傳達給客人。電力的需量管理非常重要，建議裝設電力需量控制器，當電力消耗達到契約容量的百分之九十五時，會發出警報，通知工程師做一些必要的措施，例如降低負載或將一些設施設定在離峰時間運轉，以避免電力超過契約容量時被罰錢。通常旅館採用三段式時間電價，較二段式時間電價整體來算會比較省錢，此問題可以請電氣顧問公司依照負載狀況，模擬以三段式時間電價試算，及以二段式時間電價試算做比較，就可得出結論何者爲佳。

四、保養與耗材的管理

員工職業安全衛生的各種應注意事項以及消防安全的訓練，就是要提醒員工平時注意防範潛在的危險。對於倉庫耗材的管理，要求除常用材料備料足夠外，其他的儘量少儲備，對日常維修耗材需即時登記，月底匯總，交給財務部。進出庫房的材料，每日一定要記錄。年度預防性保養包含了計畫性保養工作，依據設備的使用時間和設備商所建議的項目，在每年停機季節進行的保養服務，是爲了設備能夠更有效與可靠地運轉，在八百個房間的旅館（年住房率70.8%），維修及保養的費用大約會佔整個收入的2.9%左右（此比率已是非常低的，但重點是顧客滿意度也是非常好）。

五、品質管理

每日要做早會，除了要點名、檢查服裝儀容外，針對重要事項要交代，對於員工要定期訓練以加強維修品質的保證。爲了有效地保證工程人員的維修品質，要及時地對維修品質進行追蹤，要求對各部門及公共設施的報修案作好記錄，對同一案件重複報修的情形進行追查，對工程中遇到的疑難問題要研究解決，對各部門報修的重要案件，維修狀況立即反映給相關部門。

六、檢討管理

走動式管理是非常重要的一種方式，主管一定要定期巡查各項設備，整潔是基本要求，要用儀器測量相關數據做爲參考比較，以及用眼看、用耳朵聽及用手觸摸設備，來發現是否有異常，也需要作可靠度預防性保養，可防止意外的故障發生。對於員工要做KPI（Key Performance Indicators，主要績效指標）管理，賞罰嚴明，有特殊貢獻者另有獎賞，對於不適任的員工可能要予以淘汰，對於有潛力的員工要施以跨技能提升訓練，使員工不斷進步。

七、彈性管理

公共區域、餐廳、客房等地方要做定期保養，在人力方面如果有不足，可以請臨時工或工讀生來支援，以維持旅館高水準的品質。關於停電、停水、颱風、地震等天然災害也要有防範步驟，並定期作演練，以降低損失。這兩年天然災害頻傳，電力供應也經常吃緊，服務能夠做到不受影響而受到顧客的信賴，這的確是不容易的一件事情。

八、價值管理

工程部門所管轄的設備財產，需要建立清冊來配合財務部門做定期清點，當然自己也需要依照清冊來做清點，有些清冊也會列出價值，讓管理者也知道設備財產價值多少，妥善保養與管理。當然也可依照功能來分出不同組別與不同責任區來管理，隨時保持最佳狀態，就是最佳管理。

九、善用工具解決問題

科技不斷進步，也發展出不少好用的工具，像熱顯影智慧手機或外接手機專用紅外線熱顯像儀，不但可以檢驗高低壓電力設備是否有異常，可以檢查建築物內的發熱物體，也可以檢查空調是否有洩漏的地方，以提升節約能源效果，也可以查出漏水的區域，加以修理。至於建築物外牆磁磚鬆動的地方，也可以利用無人機／空拍機裝上紅外線熱顯像儀而提前檢查出來，加以修理，避免產生危險；還有蒸汽管路或冷氣用的冰水管是否有洩漏或保溫不良的地方，也可透過該設備查出來，立即修理。當2003年SARS事件發生與2020年新型冠狀病毒肺炎（COVID-19）疫情肆虐時，紅外線熱顯像儀還可測出來人是否有發燒現象而加以管制。智慧手機的APP應用程式可以有水平儀加指南針功能，可以協助工程師做施工調整；手機的照度計提供不同空間及活動所需之推薦照明要求，還有噪音計功能可以協助工程師做噪音檢測。高科技無線烹調溫度計可以協助廚師或工程師做監測溫度功能，藍芽室內溫度計、無線遙控手機鏡頭可以做臨時監測功能。手機變身條碼掃瞄器（條碼）（Barcode），在庫存管理、物品管理等相關應用都很方便。

十、智能管理

近年來網路科技發達，許多軟體資料都利用雲端，有些大型旅館在建設完工驗收時，利用多個平板電腦儲存平面圖，當旅館驗收時，不同員工可負責不同區域，現場發現任何缺點，在平板上的平面圖相對應之位置點一下，然後用平板上的相機對準缺點的位置拍照，並且在備註欄上寫上相關內容敘述，同時上傳雲端，施工人員則利用不同平板來檢查平面圖相關的位置，就可發現缺點的內容，然後進行修繕，改正後並附照片上傳雲端，通知確認銷案，整個驗收作業可能要將近兩個月，缺點改正工作接近萬點，旅館員工在驗收期間也會對現場更加瞭解。這種驗收軟體工具雖然價格不菲，但是功效卻非常好。

十一、建築的整合管理

目前國內有一家公司將建築資訊模型（BIM）軟體與不動產科技（Proptech，即結合Property和Technology）整合（BIM建築資訊模型、FM設施設備管理、IoT物聯網Internet of Things、AI人工智能技術），可以運用於整個建築生命週期。於建築前期設計時，將建築物的衝突釋疑點進行提報記錄，並附上對應之平面、立面、剖面等附註資訊，一併上傳至BIM雲端管理平台，業主及設計師可以透過此平台充分地進行討論，讓建築物在營建的過程中將錯誤降至最低。

建築物完工後進入營運階段，是建築物生命週期中時間最長也最爲重要的一個時期。建築物管理作業過程中，此系統可以應用於行動裝置，包括Microsoft HoloLens（智慧型眼鏡）與平板電腦及手機（如**圖14-15**和**圖14-16**），並利用行動裝置內建的微機電陀螺儀（Gyroscope）進行綜合感知定位，於建築物現場進行BIM虛擬圖資與實境定位感知，系統畫面的右上方會附上平面圖，讓使用者知道目前位在圖面的哪一個位置，定位後即可瞭解使用此隨身裝置的人員位於建築物的何處，並快速地在該位置獲取所需要資訊；接著還可以進行擴增實境（Augmented Reality, AR）作業的應用。舉例而言，平時在看天花板時，並無法得知裏面的管線有哪些，必須查詢紙本圖資或親自爬上去天花板，才能看清楚管線的分布情況，若使用AR進行虛實圖面套疊，即可一目瞭然所有在天花板上的管線分布及資訊（如**圖14-17**所示）。

營運管理人員必須針對建築物所有設施設備進行資產的盤點、修繕和保養作業，並將相關資訊記錄在系統上，透過此方式來建構建築物養護、修繕大數據，以利進行未來長期修繕的預算和修繕養護計畫之調整。也就是說，該建築從設計圖開始就建立BIM系統，經過建築期、室內裝修期、驗收期，直到建築營運管理期，都有相關資料，定期保養時穿戴智慧型眼鏡或平板電腦及手機，可以依照圖面檢查與保養設備並且記錄，就像寫歷史紀錄一樣，將來可以輕易地去查閱這些歷史資料。以修繕而言會分成五個步驟來進行說明：

1.發現問題：在現場發現問題後，會將問題記錄在對應的圖資，待後續進行解決。
2.提報修繕：將現場待修繕設備進行拍照，並填寫報修資訊於手持裝置。
3.詳細資料：經管理單位同意修繕後，此系統將修繕資訊推播給相

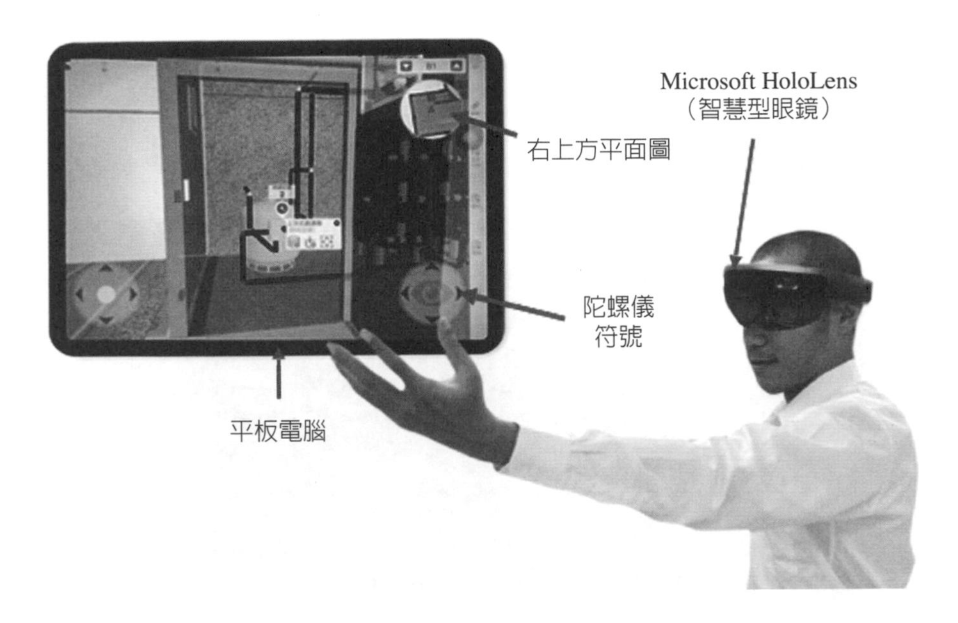

圖14-15　BIM虛擬圖資與實境定位感知

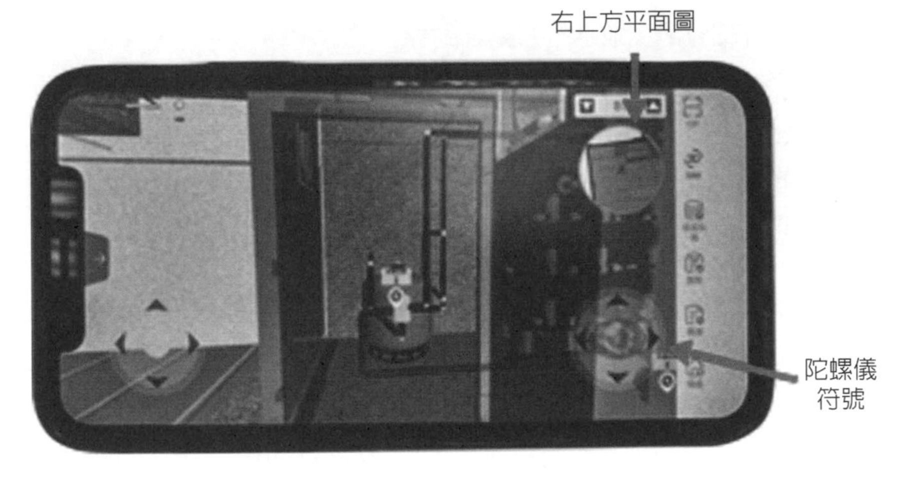

圖14-16　智慧手機亦可以顯示設備狀況

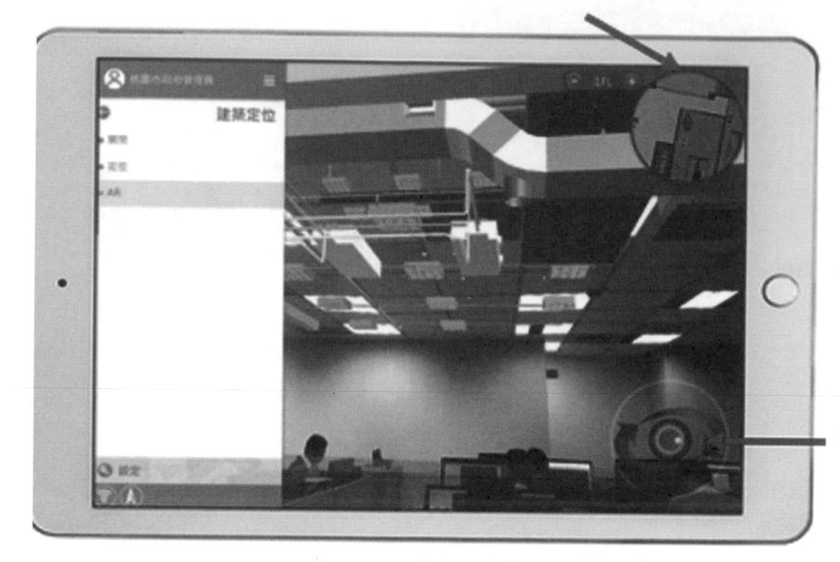

圖14-17　AR 擴增實境作業實景

關部門及修繕人員，該員可於手持裝置（手機或平板電腦）看到此詳細資訊，並進行修繕之動作。

4.修繕完工報告書：待所有修繕完成及驗收後，將會產出修繕完工報告書。

5.修繕列表：業主可以透過手持裝置在此功能瞭解所有修繕的資訊，用條列式進行顯示。

最後此圖面會和建築物的物聯網進行整合，例如在冷風機上裝設感應器並連結網路，所感應的電流、溫度等等即時訊息，就會透過網路回饋給管理者，管理者只需要在手持裝置的系統，就可以對設備訊息充分地掌握，包含目前是否有在運作，以及溫度和用電情況是否有異常，皆可在第一時間得知。此外更可以與網路監控攝影機進行整合，若建築物發生火警時，系統會自動偵測是在建築的哪一個地方，並將即時影像傳至管理中的行動裝置，讓管理者可以做最適當的處理，是非常科學化的管理方式。以上的應用在建築物生命週期之中會產生可觀的效益，就設計階段而言，透過此系統的應用，可以充分地減少衝突檢討所需要的時間，並降低未來營建階段的錯誤。而針對營運階段而言，使用此系統可以減少重複工作、建築物重要資訊的保存以及立即性的設施管理，除了提升將來建築物維護品質外，更可以讓旅館節省不必要的開銷，又讓工程管理單位清楚地對資訊進行管理，達到科學化精確管理的局面。通常建築物在計畫、施工、室裝、驗收、營運管理各個階段會有不同的人員，有了這個系統，整個相關資料可以連貫，就算後來的管理人員有異動，但系統資料可以傳承下去，業主也可以依此系統來稽核管理人員的工作是否落實，以保持建築物生命週期在最佳狀態，減低故障率更可增值。

第七節　結論

旅館的發展可以說是與時俱進，隨著時代不斷進步。從門鎖的演變來看，早期的機械鎖，演變爲刷卡門鎖，大約1980年代又發展出鑰匙孔不同排列掃描開鎖Ilco "Marlok" hotel lock and key，鎖孔的上方有一LED小紅燈，當正確的鑰匙插入鎖時，鎖孔上方的LED會變成綠燈，門就可以被打開；後來又發展出具有RFID的感應卡的門鎖；大約2015年有用智慧型手機下載特定密碼後可感應開鎖的功能；大約在2018年間，開始有用人臉辨識的（刷臉）開門鎖的旅館。

早年的旅館是只有床鋪、沙發、衛浴設備、熱水瓶，後來有黑白電視、彩色電視（只有3家電視台）、液晶電視（衛星電視）、LED電視（第4台有線電視）、智能電視、4K電視（8K電視已開始上市）。以前客房床頭音響爲收音機、CD、DVD等，現在改爲藍芽音箱、AI音箱加語音控制器，可以有控制客房電視、詢問天氣、打電話呼叫AI機器人送餐等功能，也有使用pad、平板電腦或智慧手機控制燈光、空調、電視等功能。以前的熱水瓶也改成水煮壺、膠囊咖啡機等。衛浴設備也有許多改變，普通馬桶改成靜音馬桶、免治馬桶，普通浴缸進步到按摩浴缸，蓮蓬頭進化到按摩蓮蓬頭。傳統電話進化到IP電話，Morning Call也可以由客人自行設定。傳統的冰箱爲壓縮機式冰箱，爲了防止噪音改用吸收式靜音型冰箱，也有電子晶片無壓縮機式冰箱。

以前的旅館流行在客房門下留一個縫，可以讓報紙或信件等塞入房內，客人可以不用開門就可以收到。現在爲了防止噪音，在客房門下不但沒有縫，還需在門下加裝下降式壓條，防止噪音的竄入。門也進步到有靜音兩段式自動關門器，門上的貓眼也可以進化成電子貓眼，門外的訪客影像可以在門後的6吋顯示器看到，更可以同時投放到大電視機上，使客人更容易辨認。房間的燈光控制由傳統式的單一控制，進化到床頭面板控制，再演化成插房門卡控制，這兩年更進步到紅外線偵測自動感應控制，甚至智慧手機控制或語音聲控。

早期旅館床上放的是棉被、毛毯，現在許多改用輕質的羽絨被了，以前窗簾是用手動式的，現在是電動的，更可以隨著各種情境自動調整。

以前旅館的空調是2管式的冰水管，選擇冷氣或是暖氣必須要統一選擇，現在有4管式的（同時送冰水與溫水），可以隨時選擇冷氣或是暖氣，更有直流無碳刷馬達風機，不但可降低噪音而且還會更省電，還有一對多VRV變頻分離式冷氣機（室內機&室外機）以及熱泵機，不但可以產生冰水幫助供應空調，同時也可以產生熱水供應洗澡。

交通部觀光局對於旅館業的梅花評鑑已改爲星級旅館評鑑（現在更進一步有卓越五星等級），還有提升品質的各種認證。客入住旅館方式，由人工塡寫，進步爲自助接待櫃檯，以及網路訂房加智慧手機認證，直接由智慧手機藍芽感應開門入住或退房，不需經過櫃檯而可以付款。

停車場由傳統的人工收費，演化成智慧停車場，車位指示燈引導停車、車牌辨識、自動感應LED照明等，不但省人力、免用紙本票券，又節省能源且更加環保。

智慧型的旅館可以做到合理化的空調及節約能源管理，還可以整合消防火警系統以及CCTV系統，當火警發生時，相關位置的鏡頭監視畫面會同時顯示於大螢幕，重要主管的智慧手機也可以透過程式看到相關監視畫面，協助做救援工作，甚至中央監控電腦上的特殊警報，也可傳至相關主管的智慧手機，做必要的判斷與協助。

廚房的爐子從瓦斯爐演化成電磁爐，還有可以由藍芽智慧手機來做監控，以及可透過隨身碟下載烹飪程式連結至萬能蒸烤箱，做出不同的菜色。

以前員工上下班是用打卡鐘來簽到，後來用刷卡簽到或指紋感應簽到，或具有RFID的員工卡感應簽到，直接由電腦管理簽到、簽退，同時算出員工出勤上班工時，核算薪資，將來更可能透過CCTV鏡頭的人臉辨識功能，由電腦來管理員工出勤上班的工時。

餐廳或宴會餐桌上可放置無線服務鈴，在最省的人力資源下，提供餐廳即時的服務，能有效安排服務人員，提供最迅速即時的優質服務。餐廳可以使用平板電腦點餐系統供客人連線點餐，讓管理餐廳更接近環保無紙化，並輕鬆管理餐廳的訂位與等候位，更可以節省人力。

2018年在大陸有許多國際酒店集團曾發生同條毛巾擦馬桶、洗杯子的案例，現在實行智能化追溯系統，客房清潔用的抹布，最主要的洗臉檯抹布和馬桶抹布，分別用綠色和紅色區分，每塊抹布內也植入晶元片。房間牆壁裏裝有感應裝置，以感應是否抹布混用。一旦用紅色的馬桶抹布擦洗臉檯，系統將自動「報警」。在客房裏，倒扣的茶杯底部有一個不起眼的小黑點，這是可追溯系統全程追蹤的晶元片。晶元片內記錄著杯子更換的時間、操作人員等信息。每次清洗消毒後，工作人員用掃描槍掃描晶元片，記錄新的數據。

科技始終來自於人性，隨著5G時代的來臨，可以預期旅館會有更多的改變，包括5G旅館創新應用，以及5G迎賓機器人、5G雲電腦、5G雲遊戲、5G雲VR划船機、入住時建立人臉辨識資料、可利用人臉辨識開房門、電梯人臉辨識感應到指定樓層等。

旅館的訂房業務，除了有自己的業務代表、固定簽約的旅行社或公司行號，現在OTA網路行銷也很熱門，交通部觀光局於2019年8月28日宣布，官方版OTA（Online Travel Agency，線上旅行社）「台灣旅宿網訂房平台」正式上線（https：//taiwanstay.net.tw/），由政府出面架設的官方版平台免收業者上架費，而且還替民眾過濾掉非法旅館，協助合法的旅宿業者營運。旅館的業務必須有專人管理網路的自媒體〔主流的社群媒體平台，包括Facebook、部落客（Blogger）、Instagram（IG）、TikTok（抖音）、LINE、YouTube、微博、微信等〕，對於旅館的相關新聞或評論，要做即時的反應，甚至要主動地放上一些新聞或業配文（置入性行銷）的評論幫忙旅館打廣告，提升業務量，這樣可能比買報紙廣告還有效。有些旅館還會邀請一些網路紅人來協助做置入性行銷或美食住宿的經驗，無形中吸引潛在客人入住或用餐。旅館的餐廳如果能夠經營有方，得到米其林星級評鑑，將會帶來更好的營收。餐廳廚師需要有創新的廚藝，能夠得到美食家的青睞，或旅遊雜誌的介紹，才能夠吸引顧客光臨。當然服務人員能夠與客人親切互動，順便詢問用餐後的感覺，以及客人的改進建議，也是促使客人再度光臨的動力。

根據全球穆斯林旅遊指數，台灣是穆斯林造訪非回教國旅遊的第7名。交通部觀光局也開始推廣清真餐廳旅館認證，在餐飲服務上，則推動Halal、Muslim或Muslim Friendly等認證標章，在2019年底已將近三百家業者獲得認證，希望讓穆斯林遊客來到台灣像回到家般的感覺。在交通部觀光局網站以及智慧手機上，隨時可以查到穆斯林友善餐廳旅館的相關資料。

本書的內容是介紹旅館的籌建、設備的選用及保養的重要性，旅館需要有完善的管理與維護才能歷久彌新，能滿足來自世界各地的賓客。旅館是讓客人休息的地方，它可以讓人有家的感覺，得到舒適的睡眠，也是辦公處理業務的地方，既是與顧客見面的場所，也是聚餐、歡樂的

樂園。旅館也可能是全家度假的地方，也可能是旅人暫時放空、冥想的寧靜好地方。

旅館業在供需之間會有不斷變化的，各種條件更是與時俱進，服務的需求也會隨著時代變化而改進，而追求完美的道理是不會變的，我們應該共同努力，爲旅館業帶來新希望。

2020年新型冠狀病毒肺炎（COVID-19）疫情影響旅館業甚鉅，許多旅館改變營業方針，打折、開拓外賣或免下車取貨，有旅館改成符合防疫旅館的標準來營業，有些則利用時間做一些整頓或改裝修，也有加強員工訓練以及增加維修保養的工作，有的卻撐不住而歇業，政府對業者也有紓困振興措施，希望能協助旅館業度過困難疫期。

這場疫情讓人的思想與習慣改變：從此人們打招呼不握手而改爲拱手示意（像古代人），簽名改爲電子認證，餐廳內的桌椅間距加大，可以坐十人的座位減爲八人，排隊的間距也變大。

不直接接觸的服務可以被接受，自動化的設備變多，包括智慧型機器或智慧型烹調設備（可與智慧手機連結監控）。疫情使得注重食品安全衛生是基本也是道德，HACCP（危害分析管制）標準變成餐廳與廚房的基本要求。戴口罩可能變爲常態。小型會議改爲視訊會議，輕微感冒咳嗽會被要求在家休息或居家利用網路上班。旅館業也需要調整新的作法，引進減少肢體接觸，能夠幫助滅菌、消毒、除味的科技。

在客人方面，當客人進入旅館大廳的自動門，首先有迎賓AI機器人喊出歡迎光臨並接待，引領客人至自助接待櫃檯。客人到櫃檯後可經由人臉辨識驗證取得房號，或是經由智慧型手機完成線上訂房確認後取得APP配對，依照APP指示進行解鎖。進入電梯後，電梯可用人臉辨識知道客人房間樓層，或是進入電梯用聲控講出樓層，客人不需接觸電梯按鈕。到達指定樓層出電梯後，走廊會有指示燈告知客人行走方向（房號燈會閃亮），至客房門口有鏡頭可辨識客人身分而自動開門（或用手機藍芽感應開門）。客人進入房間後照明會漸漸亮起，窗簾也會隨之打開，進入浴室或廁所照明都是自動感應。客人可藉著對智慧音箱下達指令來開啓電視（或用手機操控），如需點心或餐飲，也可告知智慧音箱，由機器人送達。客人至餐廳用餐時，也是先由AI機器人喊出歡迎光臨，並顯示出客人的桌號，沿路會有指標燈號。點菜可由觸控螢幕完成，餐點也會由機器人送達。消費則由電子錢包扣款，在旅館的進口、餐廳、宴會廳等入口都有紅外線熱像儀，可以監測是否有發燒的客人，同時有QR code供客人掃瞄註記電話號碼，不需用筆填寫（減少手的接觸）就可達到實名制效果。

在員工方面，上下班不需打卡，而是採用新式的CCTV系統，以人臉辨識方式執行上下班考勤作業。另外可以安排巡邏機器人在特定時間巡邏，甚至透過紅外線鏡頭監看，若看到可疑火光可提早發出警報，通知相關人員，也可將此畫面推播至相關人員的手機上。餐廳或大廳等靠近窗戶的LED燈光迴路，可以加裝光敏電阻偵測器（光電傳感器）來控制相關燈光迴路，能隨著外面光線強度變化，而自動調整室內LED燈迴路的亮度，外界光線強時，室內的燈則微亮或甚至不必亮，可以更省電，完全自動化而不需人員去操作。

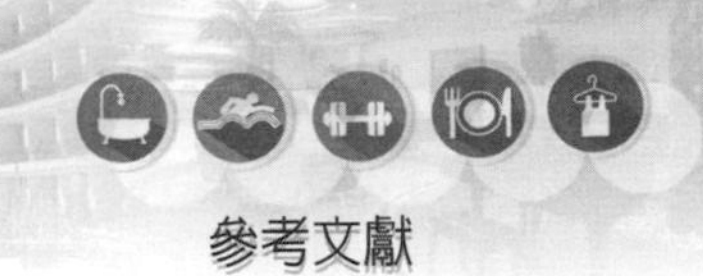

參考文獻

2020年3月旅館家數、房間數、員工人數統計表　https://admin.taiwan.net.tw/FileUploadCategoryListC003330.aspx?CategoryID=53e4e721-d0f7-4610-956c-1241e937e638&appname=FileUploadCategoryListC003330

大金空調　https://www.hotaidev.com.tw/，tsun@hotaidev.com.tw

內政部建築研究所網站智慧建築　https://www.moi.gov.tw/files/news_file/%E6%99%BA%E6%85%A7%E5%BB%BA%E7%AF%89%E8%A9%95%E4%BC%B0%E6%89%8B%E5%86%8A2016%E5%B9%B4%E7%89%88-%E5%88%8A%E7%99%BB%E7%B6%B2%E7%AB%99.pdf

中國回教協會　http://www.cmainroc.org.tw/

禾力餐飲、全文不銹鋼有限公司　holykitchen@yahoo.com.tw

台灣電力公司－電價表　https://www.taipower.com.tw/upload/238/2018070210412196443.pdf

名笙客房管理系統（RMS）設備　www.minxon.com

交通部觀光局網站－清真認證　https://www.taiwan.net.tw/m1.aspx?sNo=0024700

交通部觀光局星級旅館評鑑　https://admin.taiwan.net.tw/TourismRegulationDetailC003200.aspx?Cond=8a6e83e0-3b7c-4f6d-9778-255789656230

金隆系統科技公司　http://jinlong.com.tw/

柏新科技　www.hacglobal.com.tw，devin.jeng@ hacglobal.com.tw

冠昇玻璃隔熱貼紙　http://kuanshen.net/web/，鄭能達kuanshen1982@yahoo.com.tw

財團法人台北清真寺基金會　https://www.taipeimosque.org.tw/

斯派瑞莎克股份有限公司　www.spiraxsarco.com，maxchu@tw.spiraxsarco.com

誠品生活餐旅事業群　http://www.eslitespectrum.com.tw/About/MngTeam.aspx?s=MngTeam

瑞思股份有限公司　https://suiqui.com/，yinshen@suiqui.com

詠真實業股份有限公司　https://www.liteputer.com.tw/tw/

磁浮變頻離心式冰機寶力新　https://www.allpls.com.tw，aclr8668@ms69.hinet.net

德安資訊　http://www.athena.com.tw，maggie@athena.com.tw

廣角科技　https://www.fisheyecctv.com.tw，light@fisheyecctv.com.tw

億集創建應用科技股份有限公司　https://www.ezplus.com.tw/index.htm#

濟耀國際　http://www.ctitw.com.tw，danny@ctitw.com.tw

職業安全衛生管理辦法　https://laws.mol.gov.tw/FLAW/FLAWDAT01.aspx?id=FL015039

鵬莊實業　http://www.pjlink.com.tw，pj.link@msa.hinet.net

觀光旅館建築及設備標準　https://adin.taiwan.net.tw/TourismRegulationDetailC003200.aspx?Cond=56315caa-bdf2-4205-9f0c-7cbda8a1a0b4

附錄一　星級旅館之評鑑等級基本條件

第一階段建築設備評鑑作業程式

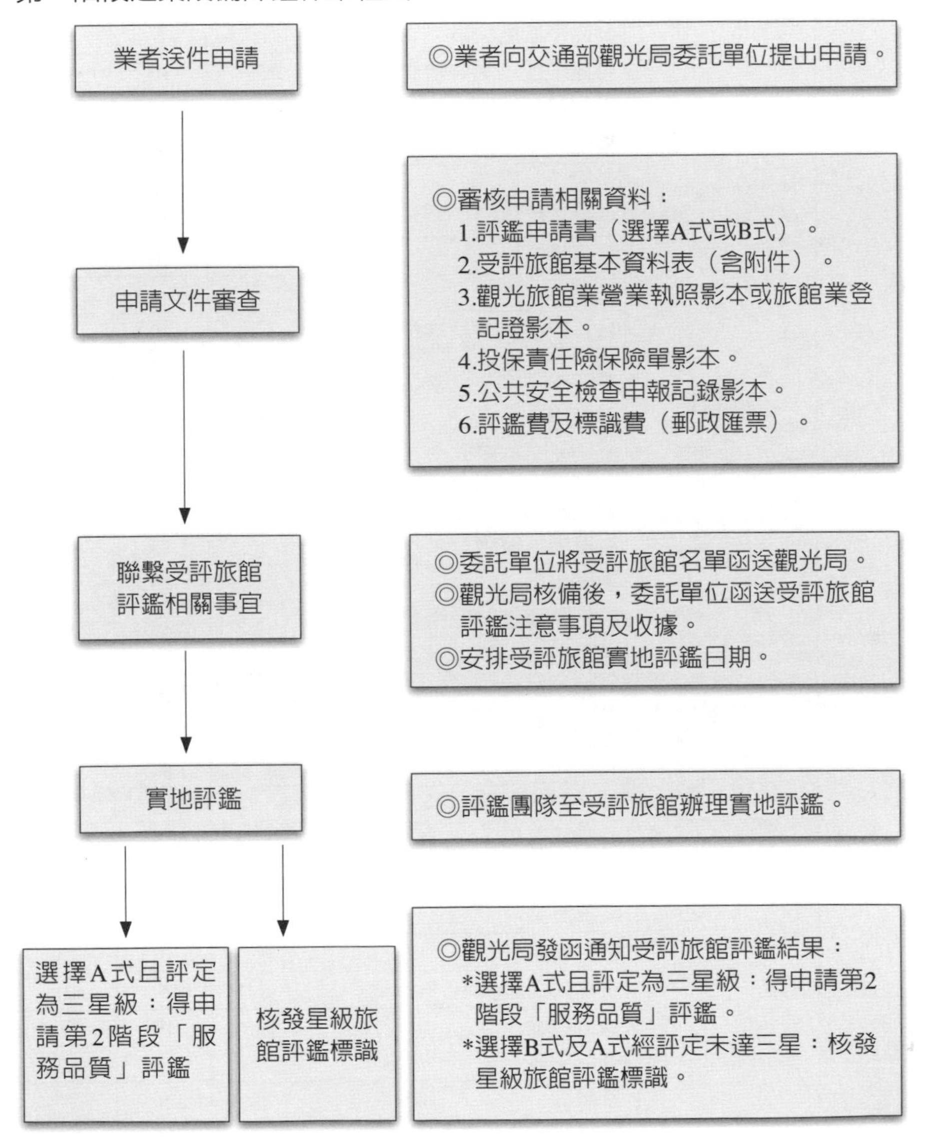

<table>
<tr><th colspan="3">建築設備評鑑指標</th><th>A式</th><th>B式</th></tr>
<tr><th>序號</th><th>大項</th><th>小項</th><th>分數</th><th>分數</th></tr>
<tr><td rowspan="2">一</td><td rowspan="2">建築物外觀及空間設計60</td><td>建築物外觀</td><td>30</td><td>30</td></tr>
<tr><td>空間規劃及動線設計</td><td>20</td><td>30</td></tr>
<tr><td rowspan="3">二</td><td rowspan="3">整體環境及景觀
55</td><td>座落地點環境及交通狀況</td><td>15</td><td>20</td></tr>
<tr><td>庭園及景觀設計</td><td>5</td><td>15</td></tr>
<tr><td>整體環境清潔與維護</td><td>15</td><td>20</td></tr>
<tr><td rowspan="8">三</td><td rowspan="8">公共區域
70</td><td>門廳及櫃檯區</td><td>15</td><td>15</td></tr>
<tr><td>樓梯及電梯</td><td>10</td><td>5</td></tr>
<tr><td>走廊</td><td>10</td><td>5</td></tr>
<tr><td>各類型標識</td><td>10</td><td>10</td></tr>
<tr><td>公共廁所</td><td>10</td><td>10</td></tr>
<tr><td>商店</td><td>5</td><td>5</td></tr>
<tr><td>公共設施清潔及維護</td><td>10</td><td>5</td></tr>
<tr><td>旅遊（商務）中心</td><td>15</td><td>15</td></tr>
<tr><td>四</td><td>停車設備
25</td><td>停車場</td><td>25</td><td>25</td></tr>
<tr><td rowspan="5">五</td><td rowspan="5">餐廳及宴會設施
50</td><td>咖啡廳</td><td>15</td><td>10</td></tr>
<tr><td>各式餐廳、酒吧</td><td>15</td><td>10</td></tr>
<tr><td>宴會廳、會議室</td><td>15</td><td>5</td></tr>
<tr><td>廚房設施</td><td>15</td><td>10</td></tr>
<tr><td>設施整體表象及清潔維護</td><td>15</td><td>15</td></tr>
<tr><td rowspan="5">六</td><td rowspan="5">運動休憩設施
10</td><td>游泳池</td><td>15</td><td></td></tr>
<tr><td>三溫暖設施</td><td>10</td><td>5</td></tr>
<tr><td>運動健身設施</td><td>10</td><td>5</td></tr>
<tr><td>其他遊憩設施</td><td>20</td><td></td></tr>
<tr><td>遊憩設施清潔</td><td>15</td><td></td></tr>
<tr><td rowspan="9">七</td><td rowspan="9">客房設備
150</td><td>客房淨面積</td><td>15</td><td>20</td></tr>
<tr><td>天花板牆面及地坪</td><td>15</td><td>20</td></tr>
<tr><td>窗簾</td><td>5</td><td>10</td></tr>
<tr><td>照明裝置</td><td>10</td><td>15</td></tr>
<tr><td>視聽網路設備</td><td>5</td><td>10</td></tr>
<tr><td>通信設備</td><td>10</td><td>5</td></tr>
<tr><td>空調系統</td><td>10</td><td>10</td></tr>
<tr><td>衣櫃間</td><td>5</td><td>5</td></tr>
<tr><td>床具及寢具</td><td>15</td><td>20</td></tr>
</table>

建築設備評鑑指標			A式	B式
序號	大項	小項	分數	分數
七	客房設備 150	客房家具	10	10
		隔音效果及寧靜度	5	10
		MINI吧	5	10
		文具用品（信紙、便箋、筆）	5	5
八	衛浴設備、配備 75	衛浴間整體表象	15	15
		衛浴器具	10	10
		空間大小	5	10
		毛巾	5	10
		盥洗用品	5	10
		其他衛浴設備	5	5
		客房及衛浴設備清潔	15	15
九	安全及機電設備 75	消防安全設備及防火建材	10	15
		逃生動線、逃生梯與安全逃生標識	10	15
		保全系統及旅客援助	5	10
		消防設施維護、管理及訓練	5	10
		機房冷、暖氣系統及維護	5	5
		緊急發電設備及維護	5	5
		熱水供應系統及維護	5	5
		水處理及維護	5	5
		燃料能源設備及維護	5	5
十	綠建築環保設施 30	日常節能設施	10	10
		綠化設施	5	5
		垃圾	5	5
		污水	5	5
		水資源（節水）	5	5
十一	加分項 30	8項友善服務：親子友善、宗教友善、寵物友善、科技友善、女性友善、樂齡友善、身障友善、健康友善	20	20
		綠建築標章、特色主題：環保主題、人文主題、文創主題、藝術主題、科技主題、客製服務主題、深度體驗主題、健康主題、青年旅遊主題、結合地方特色主題、其他創意設計主題等	10	10
	630	小計	630	630

以上項目可以當作旅館裝修或新建旅館設計檢討項目，以及旅館管理、維護檢查項目的檢討。

第二階段服務品質評鑑作業程序

業者送件申請

◎業者向觀光局委託單位提出申請
*應於建築設備評鑑結果通知書到達日翌日起15日內向觀光局委託單位提出申請。
*若適用建築設備效期延長為6年之業者，請於服務品質3年效期屆滿前3個月，向觀光局委託單位再次申請「服務品質」評鑑。

↓

申請文件審查

◎審核申請相關資料：
1.服務品質評鑑申請書。
2.觀光局核發之星級旅館「建築設備」評鑑結果通知書影本。
3.評鑑費（郵政匯票）。
*若適用建築設備效期延長為6年，而於服務品質3年效期屆滿前申請評鑑之業者，需另附：
(1)觀光旅館業營業執照影本或旅館業登記證影本。
(2)投保責任險保險單影本。
(3)公共安全檢查申報紀錄影本。
(4)標識費（新台幣參仟元整之郵政匯票）。

↓

實地評鑑

◎委託單位將受評旅館名單函送觀光局。
◎觀光局核備後，委託單位函送受評旅館評鑑注意事項及收據。
◎評鑑委員以不預警留宿方式進行評鑑。

↓

核發星級旅館評鑑標識

◎觀光局發函通知受評旅館評鑑結果，並公布於台灣旅宿網。

服務品質評鑑指標				
序號	大項	分數	小項	分數
一	總機服務	33	1.員工是否於鈴響3聲內接聽電話？	3
			2.員工於接聽電話時是否注意電話禮儀，並注意說話語氣以使客人有愉快之感受？	4
			3.員工於接聽電話是否表明姓名及服務單位，並禮貌詢問客人所需服務？口齒是否清晰？	4
			4.員工講電話時，周圍是否儘量避免吵雜聲或任何干擾？	3
			5.員工是否具備外語能力？	3
			6.員工是否確認客人姓名，並於談話中稱呼其適當稱謂？	3
			7.員工於電話轉接時是否迅速且正確？（總機人員對於旅館各分機之熟悉度）	4
			8.電話轉接系統是否優良？（包括轉接功能、轉接等候音樂設計等等）	3
			9.晨喚服務是否準時且有禮貌，且能注意客人感受？	3
			10.是否主動詢問客人其他需求?	3
二	訂房服務	30	1.員工於接聽電話時是否注意電話禮儀，並注意說話語氣以使客人有愉快之感受？	3
			2.員工於接聽電話時是否表明姓名及服務單位，並禮貌詢問客人所需服務？	3
			3.員工是否確認客人姓名，並於談話中稱呼其適當稱謂？	3
			4.員工是否具備外語能力？口齒是否清晰？	2
			5.員工能否詳細說明旅館各項服務設施及取消訂房或其他旅館相關規定？	3
			6.員工能否清楚說明旅館各項設施（房間、會議室、餐廳）之型態（如位置、大小、設備等等）？	3
			7.員工是否向客人複述內容，以確保交辦事項之完整性？	2
			8.員工對於旅館房價及其他產品價格是否熟悉？	2
			9.員工是否清楚記錄客人資料及聯絡方式，並將相關資料建檔以便利查詢？	2
			10.員工是否於客人預定日期到達前再電話確認？	3
			11.員工服務態度是否積極主動並盡力提供服務？服務是否有效率？	3

服務品質評鑑指標				
序號	大項	分數	小項	分數
三	櫃檯服務	48	1.員工是否提供熱忱友善的歡迎及服務並保持微笑？	3
			2.員工辦理遷入手續是否能於5分鐘內完成？	3
			3.員工是否積極主動並盡力提供服務，避免將客人再送至其他部門？	3
			4.員工是否確認客人姓名，並於談話中稱呼其適當稱謂（入住、居住期間、結帳）？	3
			5.員工之服裝儀容是否整潔美觀？是否皆配戴中外文名牌？	3
			6.員工與同仁工作互動時，是否留意客人的存在？	3
			7.員工是否保持接待櫃檯區域整齊清潔？	3
			8.員工於接聽電話時是否注意電話禮儀，並注意說話語氣以使客人有愉快之感受？	3
			9.員工對於館內設施是否熟悉？並給與客人適當之推介？	3
			10.員工對於旅客申訴及抱怨之處理是否妥適？	3
			11.遷出手續是否能於5分鐘內完成？或以高效率態度完成結帳作業？	3
			12.辦理遷出時員工是否確認客人房間號碼及客人姓名？	3
			13.辦理遷出時員工能否快速且清楚房帳之最新異動資料（mini吧、電話費、信用卡、預刷單等等），且將明細交客人確認？	3
			14.員工是否詢問客人需求，並提供適當之服務？	3
			15.員工是否親切詢問客人停留期間是否愉快？並於客人遷出時邀請其再度光臨？	3
			16.員工回應客人特殊需求的方式及效率？	3
四	網路服務	23	1.旅館架設之服務網站是否精美且具實用性？	3
			2.旅館架設之服務網站是否有其他外語頁面可供選擇？	4
			3.是否提供便利之網路線上訂房服務？	4
			4.服務網站之設計是否清楚易懂且容易操作？ 訂單查詢是否便捷？	4
			5.網路服務品質是否良好？	2
			6.下載速度是否快速?	2
			7.網路覆蓋程度（客房、旅館全區）？	2
			8.網路計費是否合理？	2

服務品質評鑑指標				
序號	大項	分數	小項	分數
五	服務中心（禮賓司）	38	1.員工是否親切友善向客人打招呼？	2
			2.員工之服裝儀容是否整潔美觀？是否皆配戴中外文名牌？	2
			3.員工是否為客人開車門並問安？	2
			4.員工之行為舉止是否莊重且有高素質水準？員工是否具備外語能力？	2
			5.是否有國際認證禮賓司專業人員？	2
			6.入房途中，是否有專人引導解說旅館設施？	2
			7.是否有客房內部設備解說？	2
			8.員工是否迅速安排行李運送，在客人遷入房間10分鐘內將行李送抵客房？	2
			9.員工是否將行李安放於行李架上？	2
			10.員工是否在接到客人遷出訊息10分鐘內至客房提取行李？	3
			11.員工對於館外附近區域及景點、交通、購物是否熟悉，並提供諮詢及觀光推薦服務？	3
			12.櫃檯是否提供最新之簡介資料或簡易地圖摺頁？	2
			13.服務中心周遭環境及整體清潔	2
			14.員工之服裝儀容是否整潔美觀？是否皆配戴中外文名牌？	2
			15.是否提供機場或其他定點接送服務？	3
			16.是否提供代客停車服務？服務品質如何？	2
			17.員工是否親切有禮貌？並盡力提供服務？	3
六	客房整理品質	56	1.客房整體是否維持清潔乾淨、舒適、無噪音、無異味？客房狀況是否與官網照片相近？	4
			2.客房家具及窗戶、窗簾之使用功能使否維護良好且乾淨無塵？	4
			3.門鎖、保險箱、電視機、音響、電話及充電裝置等設備是否保持清潔且功能維護良好？	4
			4.床單／被套、毛毯／羽毛被、枕頭、床板及床底是否清潔乾淨？寢具是否舒適？	4
			5.燈飾、畫飾是否乾淨無塵？燈光是否明亮？客房所有鏡面是否乾淨無斑點？	3
			6.天花板及排氣孔是否乾淨無塵？空調系統是否正常運作？	3

服務品質評鑑指標				
序號	大項	分數	小項	分數
六	客房整理品質	56	7.淋浴間、馬桶、浴缸、洗臉台是否乾淨且維持良好狀況？（是否漏水或故障？馬桶沖水時水量足夠？）浴簾、淋浴門及浴室地板是否乾淨且維持良好狀況？淋浴間及浴缸是否有安全把手？	5
			8.毛巾是否清潔？浴室備品是否擺放整齊且無缺損？毛巾品質是否良好？	4
			9.客房及浴室備品是否均已補足？	4
			10.浴缸、淋浴間及洗臉盆給水、排水品質是否良好、順暢？（水壓、水溫等）	3
			11.客房／浴室是否無異味？	3
			12.是否提供書報雜誌？是否提供其他免費服務？（如水果、礦泉水、點心）品質如何？	4
			13.文具印刷品是否充足？是否提供旅館服務指南？	3
			14.客房視聽娛樂品質是否良好？（是否提供足夠電視、電影、音樂頻道？頻道的類別是否依客源合理配比？）	4
			15.生活商務旅遊資訊互動式系統	3
七	房務服務	30	1.員工於接聽電話時是否注意電話禮儀，並提供適當且有效率之服務？	3
			2.員工對於客人詢問是否迅速予以處理？（如客人就備品有疑問）員工是否親切有禮並盡力提供服務？	4
			3.員工是否能注意基本禮節（輕敲房門、問候及是否尊重客人「請勿打擾」標識等等）	4
			4.每日是否適當清潔整理（含浴室）？	4
			5.員工對於客人置放之物品是否適當整理？（貴重物品、私人文件等不得任意整理移動）	4
			6.是否提供洗衣服務？其服務品質如何？	4
			7.是否提供鋪夜床服務？其服務品質如何？	4
			8.提供3C產品之週邊設備	3
八	客房餐飲服務	28	1.員工於接聽電話時是否注意電話禮儀，並提供適當且有效率之服務？	3
			2.員工對於餐點內容是否熟悉？並依客人需求推薦菜單？員工是否具備專業外語能力？	3
			3.員工之服裝儀容是否整潔美觀？是否皆配戴中外文名牌？	2

服務品質評鑑指標				
序號	大項	分數	小項	分數
八	客房餐飲服務	28	4.餐點是否於適當時間內送達？（本項應依所點菜式之樣式及項目多寡而定，但最長不得超過30分鐘）	3
			5.員工是否能輕敲房門並向客人問安？與客人交談是否注視客人？	3
			6.員工是否詢問客人希望將托盤、餐車放置處所？及用餐方式？是否將餐點及餐具擺設妥當，並服務飲料？	3
			7.送達之餐點是否正確而完整？員工是否簡略說明餐點及各式調味料？	3
			8.餐車擺設、托盤擺盤呈現，正確之簽單、精美帳夾	3
			9.收拾餐具之速度	2
			10.是否主動詢問客人其他需求？	3
九	餐廳服務	69	1.員工於接聽電話時是否注意電話禮儀，並提供適當且有效率之服務？	3
			2.員工是否親切有禮迎接客人並迅速帶位？	3
			3.員工之服裝儀容是否整潔美觀？是否皆配戴中外文名牌？	3
			4.員工是否具備外語能力？	3
			5.員工接受點菜時，是否對菜色及材料、內容均有相當瞭解？（點餐）	3
			6.是否於點餐後15分鐘內上菜？（點餐）	3
			7.員工於上菜時是否注意基本禮儀，如提醒客人要上菜了？	3
			8.餐點品質是否良好？	3
			9.送給客人之餐點是否正確完整？食物與菜單上名稱是否相符？	2
			10.員工是否具備飲料專業知識及介紹是否詳細？是否為侍酒師？	3
			11.員工是否適時補充茶水及更換餐具？	2
			12.提供符合用餐禮儀之服務。	3
			13.員工是否關心客人之用餐情況？	3
			14.是否有帶位服務？並服務飲料？	3
			15.自助餐台食物陳列是否合理、乾淨、美觀吸引人？	3
			16.自助餐台各式食物、飲料是否清楚以雙語標示並且正確？	2

服務品質評鑑指標				
序號	大項	分數	小項	分數
九	餐廳服務	69	17.自助餐餐點品質是否良好？是否提供現場調製項目？	2
			18.自助餐台區是否有專人負責服務整理工作？	2
			19.是否提供足夠且正確之餐具器皿？是否提供足夠份量之食物？是否迅速補餐？	3
			20.是否依客源提供早餐或健康區？	3
			21.廚師是否始終於自助餐台後面提供服務？	3
			22.餐廳於即將結束收餐時是否預先告知客人並提供必要服務？	3
			23.員工能否於客人離席後3分鐘內將桌面收拾乾淨？	3
			24.結帳時員工是否再次關心用餐體驗並感謝用餐？結帳作業是否快速且妥當？	2
			25.是否主動詢問客人其他需求？	3
十	用餐品質	27	1.餐桌擺設是否整齊美觀？	3
			2.餐具是否維持乾淨清潔？（無破損）	3
			3.佐料是否配置妥當且保持清潔衛生？	4
			4.食物份量是否適中？食物溫度是否恰當？食物是否新鮮且色香味俱全？	5
			5.能否避免廚房內吵雜聲及味道傳至餐廳用餐區？	4
			6.餐廳整體清潔及衛生維持程度如何？	4
			7.餐廳整體氣氛是否維持舒適恰當？	3
			8.餐巾、桌布、椅套等布巾類能否維持乾淨，並燙平且無破損、汙點？	3
十一	運動休憩設施服務	18	1.員工之穿著及裝備是否恰當？服務人員是否面帶微笑，態度親切和善？	2
			2.員工對各項器材設施是否悉心維護，以使功能正常運作？	2
			3.員工是否維持各項設施及場所之清潔乾淨？各項設施是否均提供予客人使用？	2
			4.員工對於各項器材、設施與遊程導覽解說是否耐心講解或操作解說？（應注意對客人之禮儀）	2
			5.設施（包括SPA）之氣氛、氣味、溫度是否維持舒適？播放之音樂是否恰當？能否避免外在之干擾？	3
			6.員工是否專注於工作？是否注意維護客人設施使用安全？	2

服務品質評鑑指標				
序號	大項	分數	小項	分數
十一	運動休憩設施服務	18	7.是否提供客人所需用品？（如毛巾、沐浴乳、浴袍等）或設備租借？（如泳衣、泳帽、球鞋等）	2
			8.是否主動詢問客人其他需求？	3
十二	加分項	20	創新客製服務及科技產品服務應用（每項可得5分，最多20分） 1.客製化服務：客製化早餐、個人衛生考量（遙控器、電熱水壺消毒、紫外線消毒共用品……）、客戶忠誠制（Loyalty Program）……等。 2.科技產品服務：手機替代房卡與遙控器、手機Check-in／out、自製房卡、電視具連接客人3C用品功能、手機／平板遙控、手機鏡射、行動支付、電子帳單、藍芽音響、房客專用智能手機……等。	20
	小計	420	小計	420

以上項目可以當作旅館員工訓練檢討項目，以及旅館管理、服務的檢查項目。

備註：有鑑於英語為國際間較通用語言，本評鑑項目中有關員工外語能力評鑑仍以英文為主，如考量該旅館主要經營對象為日本旅客，則可代之以日語能力評比。

附錄二　旅館神秘客報告內容

星級旅館評鑑，主辦單位都會派出所謂的神秘客，旅館神秘客報告內容：

飯店名稱：
抵店日期-離店日期：
入住人員：
消費金額：

總機服務				
順序	查核項目	分值		得分
		原始分	標準分	
1	服務人員在電話響鈴3聲內接聽電話。			
2	服務人員接聽電話時正確問候客人，並以中英文報出飯店名稱後禮貌詢問客人所需服務。			
3	服務人員語調清晰、態度親切有禮，令人有愉悅感。			
4	接聽電話的背景沒有吵雜聲或其他干擾聲。			
5	服務人員具備口齒清晰的外語能力。			
6	服務人員有向客人確認姓名，並於談話中稱呼其適當稱謂。			
7	服務人員轉接電話時迅速且正確。			
8	電話轉接系統優良（包括轉接功能、轉接等候音樂設計等等）。			
9	晨喚服務準時且有禮貌。			
分數小計				
得分佔比				
補充說明：				

訂房服務				
順序	查核項目	分值		得分
		原始分	標準分	
1	服務人員接聽電話時有表明姓名及服務單位，並禮貌詢問客人需要的服務。			
2	服務人員有向客人確認姓名，並於談話中稱呼其適當稱謂。			
3	服務人員語調清晰、態度親切有禮，令人有愉悅感。			
4	服務人員服務態度積極主動且有效率。			
5	服務人員具備口齒清晰的外語能力。			
6	服務人員熟悉旅館房價及其他產品價格。			
7	服務人員能清楚介紹旅館各項服務設施，如房間、餐廳、會議室、休閒設施等之位置、空間大小、客容量、可提供的設備……等等。			
8	服務人員能詳細說明取消訂房或其他旅館相關規定。			
9	服務人員有向客人複述客人姓名、聯絡方式及本次預訂與交辦的內容，以確保服務相關事項的完整性。			
10	服務人員有在客人預訂日期到達前再次電話確認。			
分數小計				
得分佔比				
補充說明：				

<table>
<tr><th colspan="5">交通及停車服務</th></tr>
<tr><th rowspan="2">順序</th><th rowspan="2">查核項目</th><th colspan="2">分值</th><th rowspan="2">得分</th></tr>
<tr><th>原始分</th><th>標準分</th></tr>
<tr><td>1</td><td>服務人員迎賓時熱忱友善並保持微笑。</td><td></td><td></td><td></td></tr>
<tr><td>2</td><td>服務人員服裝儀容整潔美觀，且有配戴中／外文名牌。</td><td></td><td></td><td></td></tr>
<tr><td>3</td><td>服務人員有向客人確認姓名，並於談話中稱呼其適當稱謂。</td><td></td><td></td><td></td></tr>
<tr><td>4</td><td>旅館有提供機場或其他定點接送服務。</td><td></td><td></td><td></td></tr>
<tr><td>5</td><td>旅館有提供專業的代客停車服務。</td><td></td><td></td><td></td></tr>
<tr><td colspan="2">分數小計</td><td></td><td></td><td></td></tr>
<tr><td colspan="2">得分佔比</td><td></td><td></td><td></td></tr>
<tr><td colspan="5">補充說明：</td></tr>
</table>

<table>
<tr><th colspan="5">櫃檯服務</th></tr>
<tr><th rowspan="2">順序</th><th rowspan="2">查核項目</th><th colspan="2">分值</th><th rowspan="2">得分</th></tr>
<tr><th>原始分</th><th>標準分</th></tr>
<tr><td>1</td><td>服務人員迎賓時熱忱友善並保持微笑。</td><td></td><td></td><td></td></tr>
<tr><td>2</td><td>服務人員服裝儀容整潔美觀，且有配戴中／外文名牌。</td><td></td><td></td><td></td></tr>
<tr><td>3</td><td>服務人員有向客人確認姓名，並於談話中稱呼其適當稱謂。</td><td></td><td></td><td></td></tr>
<tr><td>4</td><td>服務人員熟悉旅館房價及其他產品價格。</td><td></td><td></td><td></td></tr>
<tr><td>5</td><td>服務人員能清楚介紹旅館各項服務設施，如房間、餐廳、會議室、休閒設施等之位置、空間大小、客容量、可提供的設備……等等。</td><td></td><td></td><td></td></tr>
<tr><td>6</td><td>服務人員能詳細說明取消訂房或其他旅館相關規定。</td><td></td><td></td><td></td></tr>
<tr><td>7</td><td>服務人員有主動詢問客人需求，並提供適當服務。</td><td></td><td></td><td></td></tr>
<tr><td>8</td><td>對於客人提出的需求，服務人員是否積極主動並盡力提供服務，避免將客人轉送至其他部門。</td><td></td><td></td><td></td></tr>
<tr><td>9</td><td>服務人員服務態度積極主動且有效率。</td><td></td><td></td><td></td></tr>
<tr><td>10</td><td>服務人員具備口齒清晰的外語能力。</td><td></td><td></td><td></td></tr>
<tr><td>11</td><td>服務人員辦理遷入手續能於5分鐘內完成。</td><td></td><td></td><td></td></tr>
</table>

<table>
<tr><th colspan="5">櫃檯服務</th></tr>
<tr><th rowspan="2">順序</th><th rowspan="2">查核項目</th><th colspan="2">分值</th><th rowspan="2">得分</th></tr>
<tr><th>原始分</th><th>標準分</th></tr>
<tr><td>12</td><td>若客人到達旅館時客房尚未準備妥當，服務人員能妥善安排客人等候。</td><td></td><td></td><td></td></tr>
<tr><td>13</td><td>客人於等待客房的期間，服務人員有主動告知客人目前房間狀況。</td><td></td><td></td><td></td></tr>
<tr><td>14</td><td>遷入手續後，有安排服務人員陪同客人至客房。</td><td></td><td></td><td></td></tr>
<tr><td>15</td><td>服務人員與其他同仁工作互動時，亦有留意週邊客人的存在，並隨時關注其需求。</td><td></td><td></td><td></td></tr>
<tr><td>16</td><td>櫃檯有提供最新旅館簡介資料或簡易地圖摺頁。</td><td></td><td></td><td></td></tr>
<tr><td>17</td><td>服務人員熟悉館內設施，並可給予客人適當推介。</td><td></td><td></td><td></td></tr>
<tr><td>18</td><td>服務人員熟悉館外週邊區域之交通、景點、美食、購物等，並可給予客人適當推介。</td><td></td><td></td><td></td></tr>
<tr><td>19</td><td>服務人員對於客人的申訴及抱怨能妥善處理。</td><td></td><td></td><td></td></tr>
<tr><td>20</td><td>接待櫃檯區域隨時保持整齊清潔。</td><td></td><td></td><td></td></tr>
<tr><td>21</td><td>所有留言、傳真能在收到後15分鐘內送抵客人。</td><td></td><td></td><td></td></tr>
<tr><td>22</td><td>服務人員接聽電話時語調清晰、態度親切有禮，令人有愉悅感。</td><td></td><td></td><td></td></tr>
<tr><td>23</td><td>辦理遷出手續時，服務人員有再次向客人確認其房間號碼及姓名。</td><td></td><td></td><td></td></tr>
<tr><td>24</td><td>辦理遷出手續時，服務人員能快速且清楚房帳之最新異動資料（如mini吧、電話費等等），且將明細交予客人確認。</td><td></td><td></td><td></td></tr>
<tr><td>25</td><td>辦理遷出手續時，服務人員有親切詢問客人停留期間是否愉快，並邀請其再度光臨。</td><td></td><td></td><td></td></tr>
<tr><td>26</td><td>遷出手續能於5分鐘內完成。</td><td></td><td></td><td></td></tr>
<tr><td colspan="2">分數小計</td><td></td><td></td><td></td></tr>
<tr><td colspan="2">得分佔比</td><td></td><td></td><td></td></tr>
<tr><td colspan="5">補充說明：</td></tr>
</table>

行李服務				
順序	查核項目	分值		得分
		原始分	標準分	
1	服務人員主動為客人開車門。			
2	服務人員主動親切友善向客人打招呼。			
3	服務人員行為舉止莊重且有高素質水準。			
4	服務人員服裝儀容整潔美觀，且有配戴中／外文名牌。			
5	服務人員具備口齒清晰的外語能力。			
6	服務人員在客人遷入房間10分鐘內將行李送抵客房。			
7	服務人員為客人將行李安放於行李架上。			
8	服務人員在接到客人遷出訊息後10分鐘之內至客房提取行李。			
分數小計				
得分佔比				
補充說明：				

網路服務				
順序	查核項目	分值		得分
		原始分	標準分	
1	旅館官網設計精美且具實用性。			
2	旅館官網設計清楚易懂且容易操作。			
3	旅館官網有其他外語頁面可供選擇。			
4	旅館有提供便利的線上訂房服務。			
5	旅館提供寬頻網路，且客房亦有提供便利的上網服務。			
分數小計				
得分佔比				
補充說明：				

<table>
<tr><th colspan="5">客房整理品質</th></tr>
<tr><th rowspan="2">順序</th><th rowspan="2">查核項目</th><th colspan="2">分值</th><th rowspan="2">得分</th></tr>
<tr><th>原始分</th><th>標準分</th></tr>
<tr><td>1</td><td>客房地毯、地板、磁磚清潔乾淨。</td><td></td><td></td><td></td></tr>
<tr><td>2</td><td>客房家具、窗戶、窗簾之使用功能良好且乾淨。</td><td></td><td></td><td></td></tr>
<tr><td>3</td><td>被單、被套、毛毯、枕頭、床頭板清潔乾淨。</td><td></td><td></td><td></td></tr>
<tr><td>4</td><td>電視機、音響、電話等設備之使用功能良好且乾淨。</td><td></td><td></td><td></td></tr>
<tr><td>5</td><td>客房視聽娛樂品質良好（提供足夠電視、電影、音樂頻道）。</td><td></td><td></td><td></td></tr>
<tr><td>6</td><td>燈飾乾淨無塵，燈光明亮無故障。</td><td></td><td></td><td></td></tr>
<tr><td>7</td><td>客房所有鏡面乾淨無汙點。</td><td></td><td></td><td></td></tr>
<tr><td>8</td><td>天花板及排氣孔清潔乾淨。</td><td></td><td></td><td></td></tr>
<tr><td>9</td><td>空調系統運作正常。</td><td></td><td></td><td></td></tr>
<tr><td>10</td><td>陽台區域整潔乾淨。</td><td></td><td></td><td></td></tr>
<tr><td>11</td><td>馬桶、淋浴間、浴缸、洗臉台之使用功能良好且乾淨。（是否漏水或故障？）</td><td></td><td></td><td></td></tr>
<tr><td>12</td><td>浴簾、淋浴門及浴室地板之使用功能良好且乾淨。</td><td></td><td></td><td></td></tr>
<tr><td>13</td><td>毛巾清潔無異味，浴室備品擺放整齊且無缺損。</td><td></td><td></td><td></td></tr>
<tr><td>14</td><td>客房及浴室備品之種類及數量皆補足。</td><td></td><td></td><td></td></tr>
<tr><td>15</td><td>供水品質良好（水壓、水溫等）。</td><td></td><td></td><td></td></tr>
<tr><td>16</td><td>提供書報雜誌。</td><td></td><td></td><td></td></tr>
<tr><td>17</td><td>提供其他免費服務，且品質良好（如水果、礦泉水、點心）。</td><td></td><td></td><td></td></tr>
<tr><td>18</td><td>文具印刷品充足。</td><td></td><td></td><td></td></tr>
<tr><td>19</td><td>提供旅館服務指南。</td><td></td><td></td><td></td></tr>
<tr><td colspan="2">分數小計</td><td></td><td></td><td></td></tr>
<tr><td colspan="2">得分佔比</td><td></td><td></td><td></td></tr>
<tr><td colspan="5">補充說明：</td></tr>
</table>

房務服務				
順序	查核項目	分值		得分
		原始分	標準分	
1	服務人員接聽電話時是否注意電話禮儀，並提供適當且有效率的服務。			
2	服務人員對於客人詢問有迅速予以處理（如客人就備品有疑問）。			
3	服務人員親切有禮並盡力提供服務。			
4	服務人員是否能注意基本禮節（輕敲房門、問候及是否尊重客人「請勿打擾」標識等等）。			
5	客人入住後，員工是否適當清潔整理客房及浴室等各項設施？（煙灰缸、垃圾桶等等）			
6	員工對於客人置放之物品是否適當整理？（貴重物品、私人文件等不得任意整理移動）			
7	是否提供洗衣服務？其服務品質如何？			
8	是否提供舖夜床服務？其服務品質如何？			
分數小計				
得分佔比				
補充說明：				

客房餐飲服務				
順序	查核項目	分值		得分
		原始分	標準分	
1	服務人員接聽電話時是否注意電話禮儀，並提供適當且有效率的服務。			
2	服務人員熟悉餐點內容，並依客人需求推薦菜單。			
3	服務人員具備口齒清晰的外語能力。			
4	服務人員服裝儀容整潔美觀，且有配戴中／外文名牌。			
5	餐點於合理時間內送達。（本項應依所點菜式之樣式及項目多寡而定，但最長不得超過30分鐘）			
6	服務人員送餐時，有輕敲房門並向客人問安，與客人交談時並否注視客人。			
7	服務人員有詢問客人希望將托盤、餐車放置的位置及用餐方式後，為客人將餐點及餐具擺設妥當，並簡略介紹餐點及各式調味料，及服務飲料。			
8	送達的餐點正確且完整。			
分數小計				
得分佔比				
補充說明：				

餐飲服務				
順序	查核項目	分值		得分
		原始分	標準分	
1	服務人員接聽電話時是否注意電話禮儀，並提供適當且有效率的服務。			
2	服務人員親切有禮迎接客人並迅速帶位。			
3	服務人員服裝儀容整潔美觀，且有配戴中／外文名牌。			
4	服務人員具備口齒清晰的外語能力。			
5	服務人員接受點菜時，對菜色及材料、內容均有相當瞭解。（點餐）			
6	點餐後15分鐘內上菜。（點餐）			
7	服務人員上菜時有注意基本禮儀，如提醒客人要上菜了。（點餐）			

餐飲服務				
順序	查核項目	分值		得分
		原始分	標準分	
8	上菜的餐點正確且完整，餐點與菜單上名稱相符。（點餐）			
9	服務人員具備飲料專業知識，可詳細為客人介紹。（點餐）			
10	用餐期間，服務人員適時為客人補充茶水及更換餐具。（點餐）			
11	自助餐台整潔乾淨、美觀吸引人（自助餐）。			
12	自助餐台各式食物及飲料皆有清楚標示。（自助餐）			
13	自助餐台區有專人負責服務整理工作。（自助餐）			
14	提供足夠份量之食物及餐具器皿。（自助餐）			
15	廚師始終於自助餐台後面提供服務。（自助餐）			
16	餐廳即將結束收餐時，服務人員有預先告知客人並提供必要服務。（自助餐）			
17	服務人員於客人離席後3分鐘內將桌面收拾乾淨。			
18	服務人員有詢問客人對於餐飲及服務之滿意度。			
19	餐廳結帳作業迅速且正確。			
20	餐桌擺設整齊美觀，且乾淨清潔無破損。			
21	佐料配置妥當且保持清潔衛生。			
22	食物份量適中、溫度恰當、新鮮且色香味俱全。			
23	能否避免廚房內吵雜聲及味道傳至餐廳用餐區。			
24	餐廳整體清潔及衛生。			
25	餐廳整體氣氛舒適。			
26	餐巾、桌布、椅套等布巾類乾淨、無破損且熨燙平整。			
分數小計				
得分佔比				
補充說明：				

健身設施服務				
順序	查核項目	分值		得分
		原始分	標準分	
1	服務人員接聽電話時是否注意電話禮儀，並提供適當且有效率的服務。			
2	服務人員穿著及裝備合宜恰當。 服務人員面帶微笑，態度親切和善。			
3	各項設施使用管理適當（預約排定、使用人數控管等等）。			
4	服務人員對各項器材設施悉心維護，以使功能正常運作。			
5	各項設施及場所乾淨清潔，且各項設施均正常提供客人使用。			
6	服務人員對於各項器材與設施皆耐心講解或操作示範（應注意對客人之禮儀）。			
7	休閒設施區域氣氛舒適、播放音樂合宜、能避免外在干擾（spa則應包含氣味、溫度等等）。			
8	服務人員有注意維護客人安全使用設施設備。			
9	服務人員具備運動傷害緊急防護、水上救生、CPR等專業知識。			
10	設施區域有提供客人所需用品（如毛巾、沐浴乳、浴袍等）。			
分數小計				
得分佔比				
補充說明：				
其他補充說明：				

備註：

原始分：該大類查核項目總分。

標準分：扣除飯店未提供或神秘客未使用的項目分值。

得分標準：該查核項目服務有達標準即得1分，未達標準則0分。

餐飲旅館系列

旅館籌備與規劃

作　　者 / 魏志屏
出 版 者 / 揚智文化事業股份有限公司
發 行 人 / 葉忠賢
總 編 輯 / 閻富萍
地　　址 / 22204 新北市深坑區北深路三段 258 號 8 樓
電　　話 / 02-8662-6826
傳　　真 / 02-2664-7633
網　　址 / http://www.ycrc.com.tw
E-mail / service@ycrc.com.tw
ISBN / 978-986-298-344-7
初版一刷 / 2020 年 6 月
初版二刷 / 2024 年 6 月
定　　價 / 新台幣 400 元

國家圖書館出版品預行編目（CIP）資料

旅館籌備與規劃 / 魏志屏著. -- 初版. -- 新
北市：揚智文化, 2020.06
面；　公分. --（餐飲旅館系列）

ISBN 978-986-298-344-7（平裝）

1.旅館業管理

489.2　　　　　　　　　　109007014